S. Oppenheim

Probleme der modernen Astronomie

bremen
university
press

S. Oppenheim

Probleme der modernen Astronomie

ISBN/EAN: 9783955622978

Auflage: 1

Erscheinungsjahr: 2013

Erscheinungsort: Bremen, Deutschland

Aus Natur und Geisteswelt

Sammlung wissenschaftlich-gemeinverständlicher Darstellungen

═══ 355. Bändchen ═══

Probleme der modernen Astronomie

Von

Prof. Dr. S. Oppenheim

in Prag

Mit 11 Figuren im Text

Motto: Das Newtonsche Gesetz brachte
eine klare und für alle Zukunft unveränderliche Einsicht in den Weltbau.   Kant

Druck und Verlag von B. G. Teubner in Leipzig 1911

Vorwort.

Im Gegensatze zu vielen neueren populären Darstellungen astronomischer Probleme, die Fragen astrophysikalischer Natur wie die nach der physischen Beschaffenheit und Konstitution der Himmelskörper bevorzugen, verfolgt das vorliegende Büchlein das Ziel, weiteren Kreisen in gleich allgemein faßlicher Form das Verständnis für die Ergebnisse der mehr mathematischen Gebiete der Astronomie zu vermitteln, die man sonst als Probleme der Mechanik des Himmels im weitestgehenden Sinne dieser Worte bezeichnet und deren Lösung, wie bekannt, einzig auf der Anwendung des Newtonschen Gravitationsgesetzes beruht. Seinem Inhalte nach gliedert es sich in sechs Abschnitte. Die drei ersten behandeln das Problem der Bewegung der Planeten, ihrer Monde und der Kometen. Der vierte befaßt sich mit der Bestimmung der Gestalt der Himmelskörper, der fünfte mit der räumlichen Verteilung und der Bewegung der Fixsterne und das Schlußkapitel versucht es, die Frage nach der Bedeutung des Newtonschen Gravitationsgesetzes für die gesamte Astronomie zu beantworten.

Mathematische Formeln und Entwicklungen werden in der Darstellung möglichst vermieden. Vollständig konnten sie indes nicht entbehrt werden, namentlich der Kürze halber, welche gerade die mathematische Ausdrucksweise gestattet. Stets wurden sie jedoch so gewählt, daß sie dem allgemeinen Verständnis keine Schwierigkeiten bereiten dürften.

Karolinenthal, Prag 1911.

Oppenheim.

Inhaltsverzeichnis.

Seite

Einleitung   1

Das astronomische Weltbild nach Kopernikus, Kepler und Newton.

I. Das Störungsproblem 7

Begriff der Störungen und Berechnung der störenden Kräfte. Störungen in der Bewegung der Planeten und des Erdmondes. Planeten- und Mondtafeln.

II. Das Stabilitätsproblem 23

Die Bedingungen der Stabilität des Sonnensystems nach Laplace. Die Lücken im Schwarm der kleinen Planeten. Die Teilung des Saturnringes. Die Kant-Laplacesche Hypothese der Entstehung des Sonnensystems. Kritik derselben. Neuere kosmogonische Theorien. Abhängigkeit der Stabilität von der Zeit.

III. Das Kometenproblem 43

Ältere Anschauungen über das Wesen und den Ursprung der Kometen; Aristoteles und Seneca. Die ersten wissenschaftlichen Beobachtungen von Kometen, Regiomontan, Tycho, Kepler, Hevel und Dörffel. Newton und die Entdeckung des ersten periodischen Kometen durch Halley. Neuere Anschauungen über den Ursprung der Kometen. Theorie der Sternschnuppen. Zusammenhang zwischen Kometen und Sternschnuppen, Schiaparelli. Die Schweife der Kometen, ältere und neuere Ansichten über ihre Entfaltung und die hierbei wirksamen Kräfte.

IV. Das Problem der Gestalt der Himmelskörper . 72

Die Geschichte des Problems, Newton, Huygens, Clairaut und Laplace. Theorien über die innere Konstitution der Erde. Bestimmung der Abplattung der Erde aus geodätischen Messungen, aus Pendelbeobachtungen, aus der Präzession und aus der Bewegung des Mondes. Dritte Annäherung in der Bestimmung der Gestalt der Erde, das Geoid. Die Gestalt des Erdmondes. Die Rochesche Distanzgrenze. Der Planet

Saturn und sein Ringsystem. Theorien über seine Konstitution und Kritik derselben. Die Maxwellsche Theorie. Allgemeine Untersuchungen über stabile und labile Gleichgewichtsfiguren und deren Aneinanderreihung. Versuch einer mathematischen Theorie der Kant=Laplaceschen Kosmogonie.

V. Das Problem der Verteilung und Bewegung der Sterne im Raume 113

Ältere Ansichten über die Verteilung der Sterne im Raum, Kant und Lambert. Die Eichungen Herschels. Die Unter=suchungen von v Seeliger, deren Grundlagen und Ergebnis. Die Einheitlichkeit des ganzen Milchstraßensystems. Die Eigenbewegungen der Fixsterne. Bestimmung der Bewegungs=richtung der Sonne aus ihnen. Neuere Ergebnisse über den dynamischen Zusammenhang der Sterne.

VI. Das Newtonsche Gravitationsgesetz 139

Die Bedeutung des Newtonschen Gravitationsgesetzes für die gesamte Astronomie. Prüfung der Genauigkeit, mit der es die Bewegungen aller Himmelskörper darstellt. Versuche zur Erklärung der kleinen übrigbleibenden Fehler in der Theorie der Bewegung des Erdmondes und des Enckeschen Kometen. Die Newtonsche Gravitationskraft, ihr Wesen und die Versuche zu ihrer Erklärung auf Grund gewisser Vorgänge im Äther, in neuester Zeit auf Grundlage der Elektronenlehre.

Einleitung.

1. Es ist uns allen von Kindheit an bekannt und geläufig, wohl den meisten nur von der Schule her und nur wenigen durch eigene Anschauung, daß die vielen Tausende von Sternen, die in einer klaren Nacht vom Himmel auf uns herabschauen, sich stets in gleicher gegenseitiger Stellung am Himmel befinden und zu Gruppen vereint unsere Bewunderung erregen. Ganz in derselben Weise, wie sie schon vor Jahrtausenden die Phantasie und die Bewunderung der damals lebenden Völker erregt haben. Man nennt diese Sterne Fixsterne d. h. fixe Sterne. Doch soll damit nicht gesagt sein, daß sie tatsächlich fest am Himmel stehen. Sie zeigen eine Bewegung, die allen gemeinschaftlich ist und darin besteht, daß sie täglich an bestimmten Stellen des Horizontes auf-, an anderen wieder untergehen und dabei während eines Tages an der Himmelskugel Kreise beschreiben, die alle einander parallel laufen. Indem so diese Bewegung die Illusion erweckt, als ob diese Sterne fest am Himmel haften und sich der ganze Himmel mit ihnen um eine gegen den Horizont geneigte Achse im täglichen Umschwunge drehe, scheint der Name, Fixstern, doch für sie ein berechtigter zu sein.

Es ist uns aber weiter bekannt, daß es außer diesen Sternen noch andere am Himmel gibt, die sich zwischen ihnen hin und her bewegen. Die Zahl dieser Sterne, Planeten genannt, ist, soweit sie mit freiem Auge sichtbar sind und daher schon in den ältesten Zeiten bekannt waren, nur eine geringe. Zu ihnen gehört der rötliche Saturn, der hellstrahlende Jupiter, dann Mars, der ebenso wie Saturn im rötlichen Lichte erscheint, ferner die bald als Abend-, bald als Morgenstern stets in der Nähe der Sonne, am Abend- oder am Morgenhimmel sichtbare Venus und endlich Merkur, der nur in der unmittelbarsten Nähe der Sonne sich befindet und daher fast stets in ihren helleuchtenden Strahlen verschwindet. Selbst Kopernikus spricht sein Bedauern aus, daß es ihm zeitlebens nie gelungen war, den Merkur zu sehen.

Erst nach Erfindung des Fernrohres und nachdem man es verstand, mit diesem den Himmel zu durchmustern, zeigte es sich, daß die Zahl der Planeten nicht auf diese wenigen beschränkt, sondern über Erwarten groß sei. Man unterschied dann die ersteren älteren als die großen von den neuentdeckten kleinen als den Planetoiden. Fast 600 solcher sind schon am Himmel bekannt, und jedes Jahr bringt noch immer eine stattliche Menge neuer Entdeckungen, namentlich seitdem an Stelle der alten mühsamen Methode der visuellen Beobachtung das photographische Verfahren trat, das in viel einfacherer Art auf der lichtempfindlichen Platte die Fixsterne von den beweglichen Sternen zu unterscheiden gestattet.

Recht merkwürdige Bewegungen zeigen die Planeten am Himmel. Bald eilen sie den Fixsternen vor, sie sind, wie man sagt, in rechtläufiger oder progressiver Bewegung. Bald bleiben sie wieder hinter ihnen zurück, sie befinden sich in rückläufiger oder retrograder Bewegung, aber nur kurze Zeit, worauf ihre Bewegung wieder eine rechtläufige wird. Ihre Bahn am Himmel ist daher, wenn man sie zwischen den Fixsternen verfolgt, d. h. wenn man ihren wechselnden Ort am Himmel regelmäßig von Tag zu Tag oder von Monat zu Monat in eine Sternkarte einträgt, eine äußerst komplizierte Linie, krumm und vielfach verschlungen. Die Perioden der verschiedenen Unregelmäßigkeiten oder die Zeiten, in welchen sich die Schleifen oder Schlingen, die Retrogradationen wie die rechtläufigen Bewegungen abspielen, waren schon im Altertum bekannt. Nicht so aber ihre Erklärung. Wahrhaft ehrlich und redlich mühten sich namentlich die Griechen mit ihr ab. Doch ohne großen Erfolg.

Ihnen erschien das ganze Himmelsgewölbe als eine Reihe ineinandergeschachtelter und durchsichtiger Kugeln, in deren gemeinschaftlichem Mittelpunkte die Erde fest ruhte. Jeder Planet, und zu ihnen zählte man auch Sonne und Mond, besaß seine eigene Sphäre, auf der er jedoch nicht festlag, sondern einen besonderen Kreis, den Epizykel, beschrieb. Durch geeignete Wahl der Zeiten, in welchen die Sphären ihre Umdrehungen vollführten, wie jener, die die Planeten zur Beschreibung des Epizykels auf den Sphären brauchten, konnte man mit einiger Genauigkeit die Dauer der Retrogradationen, die Momente der Stillstände und die Größen der Schleifen fixieren und sodann auf dieser Grundlage Tafeln konstruieren, denen man die Orte der Planeten am Himmel für die Vergangenheit wie für die Zukunft zu entnehmen in der Lage war. Alle diese Sphären umhülle schließlich, wie man sich vorstellte, als äußerste die Sphäre der Fixsterne. Sie vollführe eine Umdrehung in 24 Stunden und reiße dabei alle in ihr gelegenen Planetenſphären mit, ſo daß auch dieſe an dem täglichen 24ſtündigen Umſchwunge teilnehmen.

Erſt die neuere Zeit brachte hier Wandel und das moderne aſtronomiſche Weltbild als der Verſuch, den ganzen Komplex von Bewegungserſcheinungen der Sterne am Himmel zu erklären, gründet ſich auf die in dieſer Zeit gemachten Entdeckungen, namentlich auf drei auf ihrer Grundlage aufgeſtellte Prinzipien. In erſter Linie die kühne Umſturzidee des Kopernikus, ſodann die von Kepler auf empiriſchem Wege gefundenen wahren Geſetze der Bewegung der Planeten und die Newtonſche Lehre der allgemeinen Gravitation.

Das erſte Prinzip ſagt aus, daß die am Himmel ſichtbaren Bewegungen aller Sterne nur zum Teile wirklich ſtattfinden, zum großen Teile vielmehr ſcheinbare Bewegungen ſeien, hervorgerufen durch die Bewegung der Erde. Speziell iſt an Stelle der ſich mit gleichförmiger Geſchwindigkeit drehenden Fixſternſphäre die im entgegengeſetzten Sinne ſich um ihre Achſe drehende Erde zu ſetzen. Ebenſo an Stelle der von den Planeten auf ihren Sphären beſchriebenen Epizykeln die Kreisbahn der Erde um die Sonne. Das Weltbild wird damit das folgende: Die Mitte des Planetenſyſtems nimmt die Sonne ein. Um ſie bewegen ſich die Planeten, zu denen nunmehr die Erde zu zählen iſt, mit gleichförmiger Geſchwindigkeit in beſtimmten Kreisbahnen. Die Erde wird bei ihrem Umlaufe um die Sonne begleitet vom Monde, der daher kein Planet, ſondern ein Begleiter, Trabant, eines Planeten iſt. Die täglichen Auf- und Untergänge der Fixſterne, der Sonne und der Planeten ſind nur ſcheinbare Bewegungen und werden durch die Drehung der Erde um ihre Achſe hervorgerufen. Ebenſo ſind die den Planeten, nicht aber der Sonne und dem Monde, eigentümlichen Rückläufe und Schleifen nur ſcheinbare Bewegungen. Sie entſtehen dadurch, daß wir dieſe Bahnen nicht von einem feſten Orte aus, ſondern ſie auf der Erde lebend und mit ihr um die Sonne uns bewegend von einem regelmäßig wechſelnden Standpunkt aus beobachten.

Das zweite Prinzip änderte nicht viel an dieſem Weltbilde. Es brach nur mit dem von den Griechen überlieferten und noch von Kopernikus feſtgehaltenen Grundſatze, nach welchem jede Bewegung am Himmel eine vollkommene und, da der Kreis die vollkommenſte geometriſche Figur iſt, eine kreisförmige ſein müſſe, und ſetzte an Stelle der Kreiſe Ellipſen, in denen ſich die Planeten um die Sonne bewegen, ſo zwar, daß die Sonne ſtets in einem Brennpunkte dieſer Ellipſen liegt.

Nur nach einer Richtung erschien dieses Weltbild noch unvollständig. Es sagte nichts aus über die Kräfte, durch welche die Planeten an die Sonne gefesselt erscheinen und um sie unaufhörlich und ewig ihre elliptischen Bahnen zurückzulegen gezwungen werden. Die Theorie war eine rein geometrische, aber noch keine physikalische. Indes schon mit Kepler begann das Suchen nach den Kräften. Sein spekulativer Geist wollte sich nicht mehr mit der rein formalen Darstellung der Bewegung der Planeten begnügen, sondern forschte schon nach ihren physischen Ursachen. Mancherlei, ganz eigentümliche Hypothesen stellte er in diesem Bestreben auf. Eine der interessantesten ist die, daß er die zwischen den Planeten und der Sonne wirkende Kraft als eine Art magnetischer Anziehungskraft ansieht, die in der Sonne ihren Sitz habe, strahlenförmig von ihr ausgehe, aber nicht wie beim Lichte oder dem Schalle nach allen Richtungen des Raumes, sondern eine Ebene bevorzuge, die der Elliptik nämlich, in welcher ja die Bahnen der Planeten zumeist liegen oder gegen die sie nur wenig geneigt sind.

Zu einer vollen Charakterisierung dieser Kraft, zu einer Bestimmung des Gesetzes ihrer Wirksamkeit kam Kepler noch nicht. Erst der schöpferischen Phantasie, dem kühnen Gedankenfluge Newtons gelang dies, und die Newtonsche Entdeckung der allgemeinen Gravitation bedeutet das dritte Prinzip, auf dessen Grundlage sich das moderne astronomische Weltbild aufbaut. Danach erscheinen Sonne, Planeten und ihre Monde als frei im Weltenraume schwebende Kugeln, getragen einzig durch die Anziehung, die sie aufeinander ausüben, gleichsam wie durch ein unfühlbares Band, das sie aneinander fesselt und durch das zusammenhängend sie einen wohlgeordneten Mechanismus bilden, dessen Triebkraft, die Newtonsche Gravitation, in allen ihren Wirkungen genau bestimmbar und berechenbar ist, in dem daher alle Bewegungen nach streng vorgeschriebenen Gesetzen vor sich gehen.

2. Die Frage nach den geometrischen Gesetzen dieser Bewegungen hatte Kepler beantwortet. Aus den zahlreichen über zwei Jahrzehnte sich erstreckenden Beobachtungen Tycho Brahes war es ihm gelungen, sie abzuleiten. Sie lauten:

1. Die Bahnen der Planeten sind Ellipsen, die alle einen gemeinschaftlichen Brennpunkt haben, in dem die Sonne sich befindet.
2. Die vom Leitstrahle des Planeten in seinem Laufe um die Sonne in gleichen Zeiten zurückgelegten Flächenräume sind einander gleich.

3. Die Quadrate der Umlaufszeiten, in denen die Planeten ihre Ellipsen um die Sonne beschreiben, sind proportional den dritten Potenzen der großen Achsen dieser Ellipsen.

Kepler bewies auch, wie die Kenntnis dieser drei Gesetze es den Astronomen gestatte, die Frage nach dem Orte eines Planeten am Himmel zu beantworten. Sowohl für irgendwelchen kommenden Tag, wenn es sich darum handelt zu wissen, wo dann der Planet am Himmel stehen werde, wie für irgendwelche vergangene Tage, wenn man erfahren will, wo der Planet damals am Himmel stand. Die zur Ausführung dieser Rechnung notwendigen Daten, die nur wieder Beobachtungen entnommen werden können, nennt man die Bahnelemente eines Planeten. Sie sind:

1. die große Halbachse der Ellipse, in der der Planet sich um die Sonne bewegt;

2. ihre Exzentrizität;

3. der Neigungswinkel der Ebene, in welcher die Bahnellipse liegt, gegen eine angenommene Fundamentalebene; im allgemeinen wählt man hierzu die Ekliptik als die Ebene der Erdbahn;

4. die Lage der Durchschnittslinie beider Ebenen im Raume, oder wie man in der Astronomie gewöhnlich sagt, die Lage der Knotenlinie;

5. die Lage der großen Achse der Ellipse, d. h. die Lage des Perihels oder in entgegengesetzter Richtung die Lage des Aphels im Raume.

6. der Zeitmoment, wann der Planet das Perihel passiert, oder auch der Ort des Planeten für einen beliebigen Zeitmoment, den man dann die willkürlich angenommene Epoche nennt.

Eine nicht gar zu komplizierte geometrische Entwicklung gibt den ganzen Rechnungsmechanismus an, der zur Lösung der gestellten Aufgabe führt. Natürlich nur auf Grundlage der drei Keplerschen Gesetze, d. h. unter der Annahme, daß diese absolut richtig sind.

Das ist aber keineswegs der Fall und hierin liegt eine wesentliche Schwierigkeit, welche die Newtonsche Theorie der allgemeinen Gravitation in die Astronomie brachte. Da sie nämlich die Eigenschaft der Anziehung nicht bloß der Sonne zuschreibt, sondern lehrt, daß jedes materielle Teilchen im Raume auf jedes andere eine anziehende Wirkung ausübe, so wird die Bewegung eines Planeten nicht einzig durch die Anziehung der Sonne geregelt, sondern auch durch die aller anderen beeinflußt. Die Keplerschen Gesetze sind daher

nur Annäherungen an die wahre Bewegung der Planeten und würden nur dann streng richtig sein, wenn bloß die Sonne als anziehender
Körper vorhanden wäre. Die Anziehung der anderen Planeten
erzeugt in der Bewegung [mannigfache Unregelmäßigkeiten, die
sich im wesentlichen derart äußern, daß ihre Bahn nicht genau
den Keplerschen Gesetzen folgt, sondern von dem rein elliptischen
Lauf bald größere bald kleinere Abweichungen zeigt. Die Methoden
auseinanderzusetzen, nach denen man diese Abweichungen, in der
Astronomie Störungen genannt, berechnet, bildet das erste und ein
sehr wichtiges Kapitel der theoretischen Astronomie, das unter dem
Namen des Störungsproblems bekannt ist. Seine Erörterung sowie
ein kurzer Bericht über die Ergebnisse, zu denen die Rechnung der
Störungen führte, mögen den Inhalt der ersten Abschnittes des vorliegenden Werkchens bilden.

Mit diesem Problem in innigem Zusammenhange steht das im
zweiten Kapitel behandelte Stabilitätsproblem. Es ist gewissermaßen
nur eine Fortsetzung des ersten Kapitels, indem es die Frage zu beantworten sucht, unter welchen Bedingungen, d. h. bei welcher
Anordnung der Planeten und ihrer Bahnen im Raume die Störungen klein sind und auch stets klein bleiben. Eine Frage, die schon
Newton anregte, wenn er, der Komplikation der Störungsrechnungen sich nicht gewachsen fühlend, meint, daß von Zeit zu Zeit eine
mächtige Hand eingreife, um die durch die Störungen geänderte
Ordnung im Planetensystem wiederherzustellen.

Neben den Planeten und Fixsternen gibt es indes noch eine
dritte Art von Sternen am Himmel. Es sind dies die Haarsterne
oder Kometen. Wegen ihres eigentümlichen Aussehens riefen sie
schon im Altertum, ebenso im Mittelalter, ja oft auch noch in der neuesten Zeit ebensosehr Staunen wie Entsetzen hervor. Wegen ihres
eigentümlichen Laufes aber erregten sie stets das Interesse der
Astronomen. Welche Bewandtnis hat es mit ihnen? Woher kommen
und wohin gehen sie? Woher rührt es, daß sie zumeist ganz plötzlich
am Himmel auftauchen, mit ihrem Schweife einen großen Teil desselben bedecken, um fast ebenso rasch wieder zu verschwinden? Fragen dieser Art bilden den Inhalt des Kometenproblems. Seiner
Lösung ist das dritte Kapitel gewidmet.

Das vierte Kapitel befaßt sich mit der Erde und ihrer eigentümlichen Gestalt, die sie, wie schon Newton aus seiner Theorie der
Gravitation schließt, dem harmonischen Zusammenwirken der zwei
hauptsächlichsten, auf ihrer Oberfläche wirkenden Kräfte verdankt,

der Schwere als der Resultierenden aller Anziehungskräfte, die die Moleküle aufeinander ausüben, und der Flieh- oder Schwungkraft, die durch die Rotation um ihre Achse entsteht. Fragen darüber, wie die Größe der Abplattung von dem Verhältnisse beider Kräfte abhängt, welche Gestalt überhaupt die Planeten, ihre Monde und schließlich auch die Fixsterne, namentlich die Doppelsterne unter ihnen, besitzen, wie endlich die eigentümliche Gestalt des Saturn mit seinem Ringsystem zu erklären sei — bilden den Gegenstand dieses ebenso weitreichenden wie interessanten Kapitels, das unter dem Titel „die Lehre von den Gleichgewichtsfiguren rotierender Flüssigkeitsmassen" bekannt ist.

Der fünfte Abschnitt „über die Verteilung der Fixsterne im Raume" führe uns aus unserem speziellen engeren Vaterlande, dem Sonnensysteme, hinaus in den weiten unendlichen Bereich der Fixsternwelt. Er gewähre uns einen Einblick in das, was Kant die systematische Verfassung der Fixsterne nennt, in Analogie mit der systematischen Verfassung der Planeten im Sonnensystem, d. i. ihrer eigentümlichen Anordnung und den Gesetzen ihrer Bewegungen.

Der sechste und Schlußabschnitt befasse sich mit der Newtonschen Gravitationskraft selbst. Er erörtere ihre Wichtigkeit für die Astronomie, die Genauigkeit, mit welcher durch das Gesetz ihrer Wirksamkeit der Lauf der Planeten am Himmel dargestellt wird, und gehe endlich auf die Frage über, woher diese Kraft selbst stammt, d. h. durch welche mechanischen Vorgänge zwischen den Molekülen der Körper sie sich erklären lasse.

I. Das Störungsproblem.

3. Das Newtonsche Gravitationsgesetz sagt aus, daß, wenn irgendwo im Raume sich zwei Massenteilchen vorfinden, sie aufeinander eine anziehende Kraft ausüben, die proportional ist dem Produkte der Massen beider und im umgekehrten Verhältnisse steht zum Quadrate ihrer Distanz. Das will sagen, daß die zwei Körper, einmal im Raume einander gegenübergestellt, sich sofort gegeneinander bewegen mit einer Kraft, die zwei- oder dreimal größer wird, wenn man die Masse des einen oder des anderen Körpers zweimal oder dreimal größer annimmt, als sie anfangs war, dagegen aber $2 \times 2 = 4$ mal oder $3 \times 3 = 9$ mal schwächer wird, wenn die Distanz der beiden Körper auf das Doppelte oder Dreifache ansteigt.

Bewegen sich beide Körper tatsächlich umeinander, so ist die Bahn, die der eine um den anderen beschreibt, oder in strengerer Ausdrucksweise die Bahn, welche beide Körper um ihren gemeinschaftlichen Schwerpunkt vollführen, eine genau den Keplerschen Gesetzen entsprechende. Dies gilt auch umgekehrt. Weiß man, daß zwei Körper sich umeinander bewegen und dabei eine Bahn zurücklegen, die genau die Keplerschen Gesetze befolgt, so ist dies nur möglich, wenn zwischen ihnen eine anziehende Kraft tätig ist, die dem Newtonschen Gesetze gehorcht.

Die wechselnden Orte der beiden Körper am Himmel lassen sich nach einfachen, trigonometrischen Formeln für beliebige Zeitmomente im vorhinein wie für die Vergangenheit berechnen. Zur Durchführung der Rechnung ist die Kenntnis gewisser Größen notwendig, die man die Bahnelemente des Planeten nennt. Man leitet sie aus einer größeren Zahl von speziell zu diesem Zwecke angestellten Beobachtungen des Planeten ab, darunter Bestimmungen seines Ortes am Himmel gemeint. Das Rechnungsverfahren, das hierzu benutzt wird, bildet den wesentlichen Inhalt des mathematischen Problems der Bahnbestimmung.

Tritt aber zu den zwei Körpern noch ein dritter hinzu, so verliert die Bewegung diesen einfachen Charakter, noch mehr natürlich, wenn mehrere oder gar Hunderte von Körpern vorhanden sind, wie dies in unserem Sonnensystem der Fall ist. Jeder Körper übt ja auf alle seine Gefährten eine anziehende Kraft aus, d. h. sucht sie gegen sich zu bewegen, und da die einzelnen Körper in verschiedenen Umlaufsperioden, in verschiedenen Ebenen und auch in verschieden weiten Bahnen in diesen Ebenen zum Teile umeinander, zum Teile um die Sonne als Zentralkörper ihren Lauf vollführen, ändern sich in jedem Augenblicke in sehr verschiedener Art ihre gegenseitigen Distanzen und mit ihnen auch Größe und Richtung der zwischen ihnen wirkenden Anziehungen. Die Bewegung der Planeten wird so eine äußerst komplizierte. Ihre Bahnen werden keine einfachen Ellipsen mehr sein, vielmehr eine sehr unregelmäßige Gestalt haben, ja in den aufeinanderfolgenden Umläufen keineswegs die gleiche Gestalt.

Es ist bisher den Astronomen nicht gelungen, diese Komplikation zu überwinden. Selbst der große Newton fühlte sich durch sie so verwirrt, daß er an ihrer Lösung verzweifelte und sich zu der Schlußfolgerung veranlaßt sah, daß das Sonnensystem kein wohlgeordneter Mechanismus sei, die Bedingungen einer unbegrenzten Dauer nicht in sich trage, sondern daß von Zeit zu Zeit eine mächtige Hand eingreife, um die Ordnung wiederherzustellen. Indes erstreckt sich dieses Mißlingen nur auf eine strenge Lösung des Problems, nicht aber auf eine genäherte. Eine solche ist durchgeführt. Ein günstiger Umstand ermöglicht ihre Durchführung, die Tatsache nämlich, daß die Masse der Sonne die der Planeten bedeutend übertrifft und daher die von ihr ausgehende Anziehung die die Bewegung der Planeten hauptsächlich regelnde und bestimmende Kraft ist, der gegenüber die anziehenden Kräfte, welche die Planeten gegenseitig aufeinander ausüben, fast als unendlich klein angesehen werden können.

Die Methode, nach der die Astronomen diese merkwürdige Tatsache zur Durchführung der sukzessiven Näherungen verwerten, ist die folgende: Sie sehen die Bahnen der Planeten auch fernerhin als Keplersche Ellipsen an, womit kurz gesagt sei, daß deren Bewegungen genau den Keplerschen Gesetzen gehorchen, gleichsam als ob die Sonne allein als anziehender Körper vorhanden wäre. In dieser Annahme liegt der erste Grad der Annäherung, der um so weniger von der Wahrheit abweicht, je kleiner speziell die Anziehungen der anderen Planeten gegenüber der der Sonne sind. Sie betrachten aber weiter die von den anderen Planeten ausgeübten Anziehungen als Zusatzkräfte, welche die Elemente der Planetenbahnen ihrer Größe, ihrer Lage und Richtung nach um kleine Beträge, Störungen genannt, ändern. Die Planeten beschreiben daher Ellipsen in ihrem Laufe um die Sonne, aber nunmehr solche mit veränderlichen Achsen, veränderlich ihrer Größe und Richtung nach, veränderlichen Exzentrizitäten, veränderlichen Neigungswinkeln und Knotenlinien und endlich auch veränderlichen Umlaufszeiten.

Es ist nicht schwer einzusehen, daß durch die Annahme solcher Ellipsen, deren Elemente in fortwährenden Änderungen begriffen sind, jede denkbare Bewegung dargestellt werden kann, also auch die Bewegung der Planeten, die wegen der Kleinheit der störenden Kräfte stets nur wenig von der reinen Keplerschen Bewegung abweicht. Man denke sich nämlich durch zwei Orte eines Planeten, in denen sich dieser in zwei kurz aufeinanderfolgenden Momenten befindet, eine Ellipse gelegt, in welcher auch die Geschwindigkeit der Bewegung mit der wahren Geschwindigkeit der Planeten übereinstimmt. Und um nun Ort und Geschwindigkeit der Planeten im nächstfolgenden dritten Momente darzustellen, hat man durch geeignete, den besonderen Bewegungsverhältnissen angepaßte Änderungen der Bahnelemente dieser Ellipse es so einzurichten, daß auch die neue durch den dritten Ort geht, und bei neuen Änderungen durch einen vierten usw. Eine derartige von einem Planeten in einem bestimmten Momente beschriebene Ellipse nennt man seine Momentanellipse und will damit sagen, daß sie jene Bahn ist, in welcher der Planet sich fortdauernd bewegen würde, wenn in diesem Momente die störende Kraft zu wirken aufhörte und die sich eben fortwährend ändert, weil stets störende Kräfte vorhanden sind.

Die Anschauung, daß die Bewegung der Planeten doch um die Sonne als Zentralkörper stattfindet und die Anziehungen der anderen nur geringe Änderungen in ihr hervorrufen, hat zur Folge, daß man als störende Kraft die Differenz der Anziehungen anzusehen hat, die der störende Planet auf die Sonne und den gestörten ausübt. Dies gilt zunächst für den Fall, wenn die drei Körper in einer geraden Linie liegen, d. h., wenn die beiden Planeten auf entgegengesetzter Seite der Sonne befindlich zur Sonne in Opposition stehen oder auf derselben Seite der Sonne liegend zu ihr in Konjunktion sind. Für jede andere Lage der Planeten zur Sonne sind die wirkenden Kräfte des störenden Planeten auf die Sonne und den gestörten weder gleich noch entgegengesetzt gerichtet, sondern schließen miteinander einen Winkel ein und sind nach der aus der Mechanik wohlbekannten Regel des Kräfteparallelogrammes zu einer Resultierenden zusammenzusetzen.

Um mindestens ein näherungsweise richtiges Bild über die Größe dieser störenden Kräfte im Vergleiche zur anziehenden Kraft der Sonne zu erlangen und so die Richtigkeit der Tatsache zu erproben, daß diese Kräfte äußerst klein sind, sei die folgende Tafel gegeben, welche die Zahlenwerte für die Massen der Planeten, die Masse der Sonne hierbei als Einheit vorausgesetzt und für ihre Distanzen von der Sonne enthält.

Name	Masse	Distanz von der Sonne	Name	Masse	Distanz von der Sonne
Merkur .	1 : 5 000 000	0,3871	Jupiter	1 : 1 047	5,2028
Venus	1 : 409 000	0,7233	Saturn	1 : 3 501	9,5388
Erde .	1 : 320 000	1	Uranus	1 : 22 900	19,1834
Mars .	1 : 3 094 000	1,5237	Neptun	1 : 19 300	30,0567

Aus ihr lassen sich die Werte der störenden Kräfte, welche zwei Planeten aufeinander ausüben, in den zwei Stellungen, der Opposition und Konjunktion, in folgender Art berechnen. Bezeichnet r die Distanz des gestörten Planeten von der Sonne, r_1 die des störenden, und wird r_1 größer als r angenommen, d. h.

ift der ftörende Planet dem geftörten gegenüber ein äußerer, fo ift die gegenfeitige Diftanz der beiden Planeten zur Zeit der Oppofition

$$r_1 - r,$$

zur Zeit der Konjunktion

$$r_1 + r$$

und daher, wenn noch m_1 die Maffe des ftörenden Planeten vorftellt, feine direkte Anziehung auf den geftörten

$$\frac{m_1}{(r_1 - r)^2} \quad \text{bzw.} \quad \frac{m_1}{(r_1 + r)^2},$$

während für feine Anziehung auf die Sonne fich der Ausdruck

$$\frac{m_1}{r_1^2}$$

ergibt. Mithin ift die ftörende Kraft des einen Planeten auf den anderen

$$\frac{m_1}{(r_1 - r)^2} - \frac{m_1}{r_1^2} \quad \text{bzw.} \quad \frac{m_1}{(r_1 + r)^2} - \frac{m_1}{r_1^2}.$$

Ift dagegen r_1 kleiner als r oder der ftörende Planet gegenüber dem geftörten ein innerer, fo ändert fich nur der erfte Ausdruck, in dem ftatt $r_1 - r$, nunmehr $r - r_1$ zu fetzen ift. So ift z. B. die ftörende Kraft, die Jupiter auf die Erde ausübt in der Oppofition, gegeben durch

$$\frac{1}{1047}\left[\frac{1}{4\cdot 2028^2} - \frac{1}{5\cdot 2028^2}\right] = \frac{1}{53000}$$

in der Konjunktion durch

$$\frac{1}{1047}\left[\frac{1}{6\cdot 2028^2} - \frac{1}{5\cdot 2028^2}\right] = \frac{1}{95000}$$

die ftörende Kraft wieder, die die Venus auf die Erde ausübt, gleicher Art

$$\frac{1}{409000}\left[\frac{1}{0\cdot 2767^2} - \frac{1}{0\cdot 7233^2}\right] = \frac{1}{37000}$$

oder

$$\frac{1}{409000}\left[\frac{1}{1\cdot 7233^2} - \frac{1}{0\cdot 7233^2}\right] = \frac{1}{260000}$$

In beiden Fällen ift die Anziehung der Sonne auf die Erde als Krafteinheit angefetzt und man fieht, wie die erhaltenen Zahlen nur äußerft kleine Bruchteile find und fo den Satz beftätigen, daß die ftörenden Kräfte, die von Jupiter und der Venus ausgehen und die

Bewegung der Erde beeinflussen, sehr klein sind gegenüber der Kraft, die in der Sonne ihren Sitz hat und die Erde zu ihrem unaufhörlichen Laufe um sie zwingt. Für die anderen Planeten als störende Körper sind die von ihnen ausgehenden und auf die Bahn der Erde einwirkenden Kräfte im allgemeinen noch kleiner.

Der größten störenden Kraft begegnet man zwischen Jupiter und Saturn als den beiden größten und in relativ nicht sehr großer Distanz voneinander befindlichen Planeten. Jupiter als störenden und Saturn als gestörten Planeten auffassend, erhält man:

Fall der Opposition

$$\frac{1}{1047}\left[\frac{1}{4\cdot 3360^2} - \frac{1}{5\cdot 2028^2}\right] = \frac{1}{64400}$$

Fall der Konjunktion

$$\frac{1}{1047}\left[\frac{1}{14\cdot 7416^2} - \frac{1}{5\cdot 2028^2}\right] = \frac{1}{32400}.$$

Da aber die anziehende Kraft der Sonne auf den Saturn selbst nur mehr gleich ist

$$\frac{1}{9\cdot 5388^2} = \frac{1}{90},$$

so sind die oben gerechneten Zahlen, um sie in dieser Krafteinheit auszudrücken, mit 90 zu multiplizieren und werden so

$$\frac{1}{716} \quad \text{bzw.} \quad \frac{1}{360}$$

d. h. die störende Kraft, mit welcher Jupiter die Bahn des Saturn beeinflußt, ist $\frac{1}{716}$ bzw. $\frac{1}{360}$ jener Kraft, mit der dieser von der Sonne angezogen wird und sich um sie in rein elliptischem Laufe bewegen würde. Wohl ein größerer Bruchteil der direkten Sonnenanziehung, größer als bei den die Störungen der Erdbewegung betreffenden Zahlen, aber immer noch ein recht kleiner.

Bei diesen Berechnungen ist auf die Exzentrizitäten der Planetenbahnen nicht Bedacht genommen. Diese ändern die Distanzen der Planeten von der Sonne, sowie auch ihre gegenseitigen Entfernungen, aber nur recht wenig. Die erhaltenen Zahlen behalten als Schätzungen über die Größe der störenden Kräfte im Vergleiche zu der direkten Kraft der Sonne ihre Gültigkeit.

4. Die Störungen selbst werden auf folgende Art gerechnet. Man bestimmt vorerst die Lage der Planeten gegenüber der Sonne, genau entsprechend den Keplerschen Gesetzen. Aus diesen leitet man die Zahlenwerte für ihre gegenseitigen Distanzen ab, sowie für die

Größe und Richtung der störenden Kräfte und endlich die Störungen selbst. Hierdurch ist der zweite Grad der Annäherung erzielt, während die so gerechneten Störungen Störungen erster Ordnung heißen.

Es ist klar, daß diese nicht ganz richtig sind und daher nicht die wahren Störungswerte repräsentieren. Denn, indem man die fehlerhafte Annahme machte, daß sich die Planeten genau den Keplerschen Gesetzen gemäß bewegen, gibt auch die Rechnung nicht genau richtige Werte für deren gegenseitige Distanzen, ihre gegenseitigen störenden Kräfte und man muß, um eine bessere Annäherung zu erlangen, die Rechnung wiederholen. Es geschieht dies auf die Weise, daß man mit den genäherten Störungswerten die Örter der Planeten neu rechnet und verbessert, aus ihnen neue Werte der Distanzen und der störenden Kräfte ableitet und mit diesen die Störungsrechnung wiederholt. Der Unterschied der sich so ergebenden Störungswerte gegen die ersteren nennt man Störungen zweiter Ordnung und die nunmehr erreichte Annäherung die Annäherung dritten Grades.

Die einzelnen Grade der Annäherung in übersichtlicher Darstellung sind die folgenden:

I. Grad: Keplersche Bewegung der Plane-   Fehler: Störungen
ten.   = 0.

II. Grad: gestörte Bewegung der Planeten,   Fehler: Störungen
aber nur Störungen erster Ord-   zweiter Ordnung
nung einbezogen.   = 0.

III. Grad: gestörte Bewegung der Planeten   Fehler: Störungen
u. zw. Störungen zweiter Ordnung   dritter Ordnung
einbegriffen.   = 0.

Es ist klar, daß man die im allgemeinen nicht schwierige, sondern nur recht weitläufige und langwierige Berechnung der Störungen der einzelnen Elemente so weit führen kann als man will. Auf die Frage, bis zu welchem Grade der Annäherung dies notwendig sei, wird offenbar die Antwort dahin lauten, daß dies einzig von der Genauigkeit abhänge, mit der man dem Laufe der Planeten am Himmel nachzugehen die Absicht habe. Will man sich mit dem begnügen, was das unbewaffnete Auge am Himmel sieht, und was man beim Verfolgen eines Planeten und dem Einzeichnen seines Laufes zwischen den Fixsternen in eine Sternkarte zur Darstellung bringen kann, so ist dazu der erste Grad der Annäherung hinreichend, die Annahme, daß die Bewegung der Planeten in Keplerschen Ellipsen vor sich geht. Dies ist etwa die Genauigkeit, die den Beobachtungen des Altertums und des Mittelalters entspricht. Einen schon höheren Grad der Annäherung beanspruchen die aus dem Ende des 16. Jahrhunderts stammenden Beobachtungen Tycho Brahes. Wohl sind auch sie noch mit unbewaffnetem Auge durchgeführt. Aber die hohe Beobachtungstüchtigkeit Tychos hatte sie doch schon bis auf eine bis dahin unerreichte Stufe der Genauigkeit gebracht. Verlangt man endlich teleskopische Genauigkeit, namentlich jene, die gegenwärtig ebensosehr mit den Riesenfernrohren, welche heute die Räume der Sternwarten zieren, wie auch mit kleineren Fernrohren aber dann mit den stets sich verfeinernden Meßwerkzeugen erreicht wird, so wird die Beantwortung der Frage nach dem Grade der vorzunehmenden Näherungen eine schwierigere. Indes zeigt die Erfahrung, daß im allgemeinen die Störungen erster Ordnung, d. i. der zweite Grad der Annäherung und eine nur ganz summarische Berechnung der Störungen zweiter Ordnung zur Darstellung der Bewegung der Planeten genügen. Ein glücklicher Umstand für die rechnenden Astronomen, der, wie schon oft erwähnt, darin seinen Grund hat, daß die störenden Kräfte als die Zusatzglieder in den Störungsgleichungen gegenüber dem Hauptgliede, der Anziehungskraft der Sonne, recht klein sind.

Die Ergebnisse, zu denen die umfassenden Störungsrechnungen für die großen Planeten führten, sind in kurzer Darstellung die folgenden:

1. Die großen Achsen der von den Planeten um die Sonne beschriebenen Ellipsen sind keinen Störungen unterworfen. Sie sind unveränderlich. Und da diese Achsen mit den mittleren Entfernungen der Planeten von der Sonne identisch sind und aus ihnen nach dem dritten Keplerschen Gesetze die Umlaufszeiten berechnet werden, gilt das gleiche auch von diesen. Speziell für die Erde ist damit die Unveränderlichkeit der Dauer eines Jahres als der Zeit, in welcher sie ihren Lauf um die Sonne vollführt, trotz der Störungen der anderen Planeten, ausgesprochen. Ein Satz von unverkennbar hoher Bedeutung für den Fortbestand des organischen Lebens auf den einzelnen Planeten, der die Tatsache ausdrückt, daß diese sich stets in gleicher mittlerer Entfernung und in gleichen Perioden um die Sonne bewegen werden, die, wenn sie einmal für die Entwicklung des organischen Lebens auf ihnen günstig waren, es auch stets bleiben werden. Der französische Astronom Laplace ist der Entdecker dieser interessanten Wahrheit, 1773, der Mathematiker Lagrange gab für sie einen neuen vollständigeren Beweis, 1776, und Poisson dehnte ihre Gültigkeit bis auf die Störungen zweiter Ordnung aus, 1808.

2. Die Störungen in der Lage der großen Achsen der Planetenbahnen, d. h. der Richtungen nach den Peri- oder Aphelen (den
Apsidenlinien) sind mit denen der Exzentrizität durch gleiche nach
Zehn- oft auch Hunderttausenden von Jahren zählenden Perioden
verknüpft. Innerhalb dieser großen Perioden drehen sich die Apsidenlinien rechtläufig im Kreise um sich mit ungleichförmiger Geschwindigkeit, so daß die Drehung auch zeitweise rückläufig werden kann,
aber nur kurze Zeit, worauf sie wieder rechtläufig wird, während inzwischen die Exzentrizitäten zwischen zwei Grenzwerten, einem
Maximal- und einem Minimalwert, variieren.

3. Das gleiche gilt für die Störungen der Neigungswinkel der
Bahnebenen der Planeten und ihren Knotenlinien gegen die angenommene Fundamentalebene. Diese drehen sich ebenfalls in nach
vielen Zehntausenden von Jahren zählenden Perioden im Kreise.
Nur erfolgt die Drehung rückläufig, entgegengesetzt zur Drehung der
Apsiden, während die Neigungswinkel indessen zwischen zwei Grenzwerten hin und her schwanken.

Diese hiermit zuerst genannten Störungen nennt man säkulare
Störungen. Eine Bezeichnung, die ausdrücken soll, daß sich die
Störungen eben innerhalb sehr großer Zeiträume abspielen. Man
kann sie in der Art sich entstanden denken, daß man die Massen der
Planeten gleichmäßig auf ihre einzelnen Bahnen verteilt und dann
die Anziehungen der so mit Masse belegten Ebenen aufeinander
untersucht. Die Massenbelegungen werden offenbar sehr spärlich
sein und daher sind auch die säkularen Störungen sehr klein. So beträgt die Schwankung der Exzentrizität der Jupiterbahn 0,026 bis
0,060, die der Saturnbahn 0,013—0,024. Beide vollziehen sich in einem
Zeitraume von 70000 Jahren. Die Exzentrizität der Erdbahn variiert
in den Jahren 300000 v. Chr. bis 10000 n. Chr. zwischen den Werten
0,037—0,014. Die Neigungswinkel der Jupiter- und der Saturnbahn
liegen zwischen 0° 17′—2° 3′ und 0° 47′—2° 33′ mit einer Periode
von 25000 Jahren. Die Störungen der Apsiden- und Knotenlinien
werden gewöhnlich durch ihre jährlichen Werte angegeben. Sie sind für
die einzelnen Planeten und gültig für das gegenwärtige Jahrtausend:

Jährliche Veränderungen der			Jährliche Veränderungen der		
	Apsiden	Knoten		Apsiden	Knoten
Merkur	$+ 5''{,}7$	$- 7''{,}6$	Jupiter	$+ 6'''4$	$- 13''{,}4$
Venus	$- 0''{,}8$	$- 17''{,}4$	Saturn	$+ 16''{,}8$	$- 18''{,}8$
Erde .	$+ 11''{,}5$	$- 5''{,}6$	Uranus	$+ 2''{,}9$	$- 31''{,}5$
Mars	$+ 16''{,}0$	$- 22''{,}2$	Neptun	$+ 0''{,}8$	$- 10''{,}5$

4. Im Gegensatze zu den säkularen Störungen stehen die in kürzeren Zeiträumen sich wiederholenden periodischen Störungen. Sie haben ihren Grund in der direkten Anziehung der Planeten aufeinander und, da sie im fortwährenden Wechsel der gegenseitigen Distanzen derselben bald in einem, bald im entgegengesetzten Sinne wirken, so kompensieren sie sich sehr rasch und beeinflussen die Bewegung der Planeten nur so weit, daß deren Bahn einer Schlangenlinie gleicht, die in vielen tausenden, aber stets nur äußerst wenig bald rechts, bald links von dem strengelliptischen Laufe abweichenden Windungen dahinzieht. Die periodischen Störungen betragen im allgemeinen nur wenige Bogenminuten, um welche der gestörte wahre Ort der Planeten von seinem den Keplerschen Gesetzen entsprechenden sich unterscheidet. Nur zwischen Jupiter und Saturn zeigt sich eine größere Störung, aus einem Grunde, der erst später zur Erörterung kommen wird. Sie beträgt 20′ als Störung des Saturn auf Jupiter und 47′ umgekehrt als Einwirkung des Jupiter auf Saturn mit einer etwas größeren Periode von fast 900 Jahren.

Die jährliche Bewegung der Apsiden der Erdbahn wurde von dem arabischen Astronomen Albategnius um das Jahr 879 n. Chr. entdeckt.[1]) Bei einer Revision der Sonnentheorie Hipparchs fand er für die astronomische Länge des Apogäums der Sonne 82° 14′ statt 66°, wie Hipparch sie bestimmte, d. i. einen Unterschied von 16° 14′, gültig für einen Zeitraum von 1000 Jahren. Da hiervon etwa 14° auf die Präzession entfallen (diese beträgt 50′′ in einem Jahre), so verbleiben 2° 14′ = 8040′′ für die Änderung der Lage der Apsidenachse selbst, so daß deren jährliche Änderung nach der Beobachtung des Albategnius 8′′ wäre. Die Apsidenbewegungen der anderen Planeten entdeckte Kopernikus durch Vergleichung seiner eigenen Beobachtungen mit denen des Ptolemäus.

5. Bedeutend größer als die Störungen der Planeten sind die Störungen, denen der Mond in seinem Laufe um die Erde durch den Einfluß der Sonne ausgesetzt ist. Als die Störungen vergrößernde Faktoren treten hier einerseits die Masse der Sonne auf, die bekanntlich mehr als 320 000 mal so groß ist wie die der Erde, anderseits die große Nähe des Mondes zur Erde, die bewirkt, daß man jede kleinste Unregelmäßigkeit in seiner Bewegung mit großer Genauigkeit beobachten kann. Demgegenüber ist aber auch die große Entfernung des Mondes von der Sonne nicht zu vergessen, die dessen

---

1) Siehe: Die Wandl. des astr. Weltbildes S. 88.

Entfernung von der Erde nahezu 400 mal übertrifft und dadurch wieder die Störungen durch die Sonne verkleinert.

Von der Bewegung der drei Körper umeinander und von der Art, wie die Sonne als störender Körper auftritt, erhält man ein anschauliches Bild durch folgende Überlegung. Man denke sich eine große Masse und in weiter Entfernung von ihr zwei recht nahe aneinander liegende kleine Massenpunkte. Der kleinere beschreibt um den größeren eine elliptische Bahn und beide vereint bewegen sich um die große Masse. Diese wirkt daher auf beide fast mit gleicher Stärke ein. Aber nur fast. In Wahrheit ist der Mond bisweilen, zur Zeit des Neumondes, der Sonne etwas näher. Seine Distanz von ihr beträgt da 399 Erddistanzen, wenn man annimmt, daß die Entfernung Sonne—Erde genau 400 mal größer ist als die des Mondes von der Erde. Bisweilen wieder, und zwar zur Zeit des Vollmondes ist der Mond weiter von der Sonne entfernt. Die Distanz beträgt da 401 Erddistanzen und diese kleinen Unterschiede sind es, durch die in diesen beiden Hauptstellungen des Mondes die störende Einwirkung der Sonne entsteht. Die Rechnung ergibt für sie in diesen beiden Fällen die Werte

$$\left(\frac{400}{399}\right)^2 = 1 + \frac{1}{200} \quad \text{und} \quad \left(\frac{400}{401}\right)^2 = 1 - \frac{1}{200}$$

ausgedrückt in Einheiten der anziehenden Kraft der Sonne auf die Erde, d. h. die Sonne zieht den Mond zur Zeit des Neumondes mit der Kraft $1 + \frac{1}{200}$, den Vollmond mit der Kraft $1 - \frac{1}{200}$ an, während ihre Anziehung auf die Erde stets gleich der Einheit ist. Der störende Einfluß der Sonne auf den Mond ist daher $\frac{1}{200}$ ihrer Anziehung auf die Erde und da diese

$$\frac{320\,000}{400^2} = \frac{320\,000}{160\,000} = 2$$

mal so groß ist als die Anziehung der Erde auf den Mond, noch immer $\frac{1}{100}$ der letzten Kraft. Es findet also die Bewegung des Mondes statt unter der Einwirkung der Erde und einem störenden Einflusse der Sonne, der im Mittel $\frac{1}{100}$ von der bewegenden Kraft der Erde beträgt.

Die größten Störungen der Mondbewegung waren schon im Altertum bekannt. Sie wurden aber damals nur als unerklärliche Unregelmäßigkeiten seines Laufes um die Erde empfunden. Des historischen Interesses wegen sei hier eine kurze Darstellung des Ganges gegeben, nach dem man die einzelnen Störungen der Mondbewegung auffand. Zuerst entdeckte man die retrograde Bewegung seiner

Knoten, eine säkulare Störung, die sich in der schon von der ältesten Zeit her bekannten Sarosperiode zeigt, auf deren Grundlage die Finsternisse vorausgesagt wurden.[1]) Sie beträgt im Mittel $19^0 20'$ für ein Jahr, so daß sich daher ein Knotenumlauf in 18 Jahren 230 Tagen vollzieht. Dann ist Meton zu erwähnen, der fand, daß die Zwischenzeiten zwischen den Hauptphasen im Umlauf des Mondes um die Erde nicht einander gleich sind. Hipparch[2]) erklärte diese Tatsache durch die exzentrische Lage der Mondbahn gegen die Erde, die den Schein einer ungleichförmigen Bewegung hervorrufe. Die Geschwindigkeit des Mondes zur Zeit der Erdnähe ist $16^0 18'$, in der Erdferne $10^0 2'$, während seine mittlere Geschwindigkeit $13^0 10'$ zählt. Der wahre Grund dieser Erscheinung nach der Newtonschen Lehre ist der elliptische Lauf des Mondes um die Erde, dessen Exzentrizität 0,055 die Variation der Geschwindigkeit im Betrage von $16^0 18' - 10^0 2' = 6^0 16'$ verursache. Man nennt diese Variation die Mittelpunktsgleichung. Gleichzeitig fand Hipparch[3]), daß die Orte der Maxima und Minima der Geschwindigkeit oder was damit identisch ist, die Richtung nach der Erdnähe (Peri-) und Erdferne (Apogäum) bei jedem Umlaufe des Mondes ihre Lage gegen die Sternbilder am Himmel ändern. Diese Drehung der Apsidenlinie beträgt im Durchschnitt jährlich $40^0 39'$, so daß sie in 8 Jahren 300 Tagen einen vollen Umlauf am Himmel zurücklegt. Nach der Newtonschen Theorie ist sie als eine säkulare Störung anzusehen, hervorgerufen durch die störende Kraft der Sonne. Endlich wies Ptolemäus[4]) die als Evektion benannte Unregelmäßigkeit in der Bewegung des Mondes nach. Er fand, daß die Schwankungen der Geschwindigkeiten nicht immer zwischen den Grenzen $16^0 18'$ und $10^0 2'$ liegen, sondern zur Zeit des Neu- und Vollmondes kleiner, nämlich nur $15^0 40'$ und $10^0 40'$, zur Zeit des ersten und letzten Viertels dagegen größer sind und $16^0 56'$ und $9^0 24'$ betragen. Im Newtonschen Sinne ist die Evektion eine periodische Störung, und zwar eine der Exzentrizität der Mondbahn. Der ungestörte Wert derselben ist 0,055, ihre Störung durch die Sonne steigt bis auf $1/_8$ dieses Wertes an. Im Falle des Maximalwertes 0,066 beträgt die Mittelpunktsgleichung ebenfalls um $1/_8$ mehr, d. i. $7^0 32'$ und die Geschwindigkeit des Mondes variiert zwischen den Grenzen $16^0 56'$ und $9^0 24'$. Im Falle ihres Minimalwertes 0,044 ist die Mittelpunkts-

---

1) a. a. O. S. 40—41.   2) a. a O. S. 64—66.   3) a. a. O. S. 64—66.   4) a. a. O. S. 76.

gleichung um $^1/_6$ kleiner; sie beträgt 5° und die Schwankungen der Geschwindigkeit sind 10° 40′ und 15° 40′. Die Periode der Evektion, d. i. die Zeit, in der sich dieser Wechsel der Exzentrizität vollzieht, zählt etwas mehr als einen Mondumlauf, nämlich 32 Tage.

Weitere periodische Störungen der Mondbewegung entdeckten Tycho und Kepler. Es sind dies die Variation, die jährliche Gleichung und die Störung der Breite. Die Variation entsteht dadurch, daß durch die störende Kraft der Sonne die Bahn des Mondes in der Richtung zu ihr hin wie auf der entgegengesetzten Seite verkürzt, scheinbar abgeplattet, dagegen an den um 90° davon abstehenden Punkten verlängert wird. Es scheint daher der Mond neben seinem elliptischen Laufe um die Erde noch eine zweite Ellipse zu beschreiben, deren kleinster Durchmesser stets in die zur Sonne gehenden Linie oder in die Richtung der Syzygien (Neu- und Vollmond) und deren größter Durchmesser in die Quadraturen (erstes und drittes Mondviertel) fällt. Die Größe dieser Störung ist 40′, um welchen Betrag der wahre Ort des Mondes seinem der rein Keplerschen Bewegung entsprechenden Ort bald voreilt, bald hinter ihm zurückbleibt. Ihre Periode ist ein halber synodischer Monat = 14,75 Tage. Die als jährliche Gleichung bezeichnete Störung beträgt 11′, ihre Periode ist 1 Jahr und ihre Ursache liegt in der Verschiedenheit der Sonnenanziehung auf den Mond, wenn die Erde im Perihel- oder wenn sie im Aphel ist. Im ersten Falle ist die Entfernung der Erde von der Sonne, wenn die mittlere Entfernung zu 400 angenommen wird, wegen der Exzentrizität der Erdbahn 394, und daher die störende Kraft der Sonne gleich $1 - \left(\frac{395}{394}\right)^2 = \frac{1}{197}$, im zweiten Falle dagegen 406, und die Störung der Sonne $= \frac{1}{208}$. Der Unterschied beider gegen die Hauptgröße der Sonnenstörung im Betrage von $\frac{1}{200}$ ist wohl sehr klein $\frac{1}{13\,000}$, aber doch groß genug, um eine Unregelmäßigkeit in der Bewegung des Mondes hervorzurufen. Die Störung in der Breite des Mondes, d. i. seiner Erhebung über die Elliptik, ist wegen des kleinen Neigungswinkels seiner Bahn gegen diese Ebene sehr gering. Sie beträgt nur 8′, um wieviel die mittlere Neigung, die 5° zählt, bald größer, bald kleiner wird. Sie entsteht dadurch, daß der Mond während der einen Hälfte seiner Bahn um die Erde ein wenig über, während der anderen ein wenig unter der Elliptik steht, während die Erde sich stets in der Elliptik befindet, das Bestreben der Sonne aber dahingeht, den Mond in diese Hauptebene hineinzuziehen.

Die letzte unter den größeren periodischen Störungen der Mondbewegung ist die parallaktische Gleichung. Sie beträgt 2′. Ihre

Periode ist ein synodischer Mondumlauf von 29,53 Tagen und ihre Ursache liegt in dem Unterschiede der störenden Kräfte, die die Sonne auf den Neu- und auf den Vollmond ausübt. Für diese folgte oben der gleiche Wert von $\frac{1}{200}$ nur durch eine Näherungsrechnung. Strenger gerechnet sind die beiden Kräfte

$$\left(\frac{400}{399}\right)^2 = 1 + 0{,}0050188 \text{ und } \left(\frac{400}{401}\right)^2 = 1 - 0{,}0049813$$

und die Differenz $0{,}0050188 - 0{,}0049813 = 0{,}0000375 = \frac{1}{27\,000}$ läßt die als parallaktische Gleichung bezeichnete Unregelmäßigkeit entstehen.

Eine Störung des Mondes, die hier noch ihres historischen Interesses wegen erwähnt werden möge, ist die säkulare Beschleunigung seiner mittleren Bewegung. Halley entdeckte sie im Jahre 1693, indem er nachwies, daß seine Mondbeobachtungen und die seiner Zeitgenossen mit den Mondorten, welche sich aus den von den alten Griechen überkommenen Nachrichten über Mondes- und Sonnenfinsternisse ergeben, nur dann in Einklang gebracht werden können, wenn man annehme, daß sich die mittlere Bewegung des Mondes beschleunige. Diese Beschleunigung betrage wohl nur etwa 10'' in einem Jahrhunderte oder 0''·0000056 bei jedem Umlaufe, involviere aber doch eine Verkürzung der Umlaufszeit und damit, wie es das dritte Keplersche Gesetz sagt, eine Annäherung des Mondes an die Erde, die, sie möge sehr klein sein und vielleicht nur einige Zentimeter bei jedem Umlaufe ausmachen, nach Millionen von Jahren einen Einsturz des Mondes in die Erde nach sich ziehen müßte. Anfangs erschien diese Tatsache ganz unerklärlich. Weder Newton noch Halley gelang der Nachweis, daß auch sie sowie viele andere Unregelmäßigkeiten in der Bewegung des Mondes eine Konsequenz der Gravitationslehre sei. Man nahm daher, um sie zu erklären, zu einer fremden Ursache seine Zuflucht, der Annahme, daß hier die Wirkung eines widerstehenden Mediums vorliege, die den Mond zwinge, seinen Lauf um die Erde in immer enger und enger werdenden Windungen zu vollführen und dadurch die Geschwindigkeit seiner Bewegung zu beschleunigen. Erst Laplace glückte 1787 die Lösung des Rätsels. Seine Erklärung ist die folgende: Die jährliche Gleichung als Störung der Bewegung des Mondes hängt von der Exzentrizität der Erdbahn ab, als dem Unterschiede in der Entfernung der Erde von der Sonne zur Zeit des Perihels und Aphels. Diese nimmt gegenwärtig jährlich ab, dementsprechend die jährliche Gleichung zu, eine Zunahme, die sich als eine Beschleunigung der Geschwindigkeit des Mondes äußere. Solange die Abnahme der Exzentrizität der Erdbahn infolge der Störungen der anderen Planeten andauere, werde auch die Geschwindigkeit des Mondes zunehmen. Nach vielen Zehntausenden von Jahren werde aber die Exzentrizität größer werden und damit werde sich wieder die Beschleunigung des Mondlaufes in eine Verzögerung verwandeln. Die mittlere Distanz des Mondes von der Erde aber bleibe ganz unverändert.

Noch eine zwar sehr kleine, aber aus theoretischen Gründen sehr wichtige periodische Störung der Mondbewegung verdient eine besondere Erwähnung. Es ist dies die sowohl in der Länge als eine Änderung der Geschwindigkeit des Mondes als auch in der Breite als Änderung seines Ortes über der Ekliptik sich äußernde Störung infolge der Abweichung der Erde von der reinen Kugelgestalt. Ein abgeplatteter Körper übt nämlich, wie die Gravitationslehre sagt, auf einen zweiten Körper eine andere Anziehungskraft aus als eine Vollkugel und die Differenz hängt von der Größe der Abplattung ab. Die Störung in der Länge des Mondes beträgt 8″ innerhalb einer Periode, die identisch ist mit einem vollen Umlauf der Mondknoten von $18\frac{2}{3}$ Jahren, die Störung in der Breite ist 7″ und ihre Periode ist gleich der Dauer eines Mondumlaufes. Laplace berechnete aus beiden die Größe der Erdabplattung zu $\frac{1}{305}$, aus den neueren Mondtafeln von Hansen folgt $\frac{1}{294}$, ein Wert, welcher dem von Bessel aus einer Reihe direkter Messungen auf der Erdoberfläche abgeleiteten in der Größe $\frac{1}{299}$ sehr nahe kommt.

6. Die Ermittlung und Feststellung aller selbst der feinsten Einzelheiten in den Störungen, denen die Planeten in ihrem Laufe um die Sonne und der Mond in seiner Bewegung um die Erde ausgesetzt sind, die Konstruktion von Tafeln, welche alle nötigen Daten und Hilfsmittel enthalten, deren man zur Vorausberechnung ihrer Orte am Himmel für beliebige Zeiten benötigt, bilden den Hauptgegenstand der theoretischen Astronomie. Ihre Ergebnisse finden sich in großen Sammelwerken niedergelegt, die man die Theorien der Planeten oder des Mondes oder Tafeln ihrer Bewegung nennt. Demgegenüber besteht wieder die Aufgabe der Beobachter unter den Astronomen, möglichst viele Beobachtungen von ihnen anzustellen, sie mit den gerechneten Orten zu vergleichen und aus den Vergleichen durch Bestimmung der Unterschiede zwischen Rechnung und Beobachtung stets neuere und bessere Grundlagen für die Konstruktion der Tafeln zu schaffen.

Die noch bis vor kurzem in Verwendung stehenden Tafeln der großen Planeten Merkur, Venus, Erde (bzw. Sonne), Mars, Jupiter und Saturn waren die von Leverrier berechneten, veröffentlicht in den Annalen der Sternwarte von Paris 1859—1877. Im Jahre 1901 wurden sie ersetzt durch die von Newcomb in Washington berechneten welche sich auch auf die zwei neuen Planeten Neptun und Uranus erstrecken und in den Astronomical papers prepared for the use of the American Ephemeris and Nautical Almanac, 1895—1897 enthalten sind.

Schwieriger als die Berechnung der Planetenstörungen gestaltete sich die Entwicklung der Mondtheorie. Hier sind selbst heute noch nicht alle Hindernisse überwunden. Schon Newton glückte eine vollständige Lösung des Problems nicht, ebensowenig seinen unmittelbaren Nachfolgern, unter denen namentlich Halley hervorzuheben ist. Erst das 18. Jahrhundert brachte größere Anstrengungen und damit größere Fortschritte und befriedigende Resultate. Die spezielle Anregung zu diesen Anstrengungen gab die Möglichkeit der praktischen Verwendung der Mondtheorie im Interesse der Schiffahrt.

Zu Anfang des 16. Jahrhunderts hatte der astronomische Amateur Pfarrer Johannes Werner von Nürnberg vorgeschlagen, Mondbeobachtungen zur Bestimmung der geographischen Längendifferenz zweier Orte auf der Erde, namentlich zur See, zu verwerten. Gerade der Mond, meinte er, eigne sich hierzu wegen seiner schnellen Bewegung am Himmel am besten, da er seine Lage mit dem Orte und der Zeit der Beobachtung rasch wechsle und so dem Zeiger einer Uhr gleiche, der es gestatte, jede kleine Änderung des Ortes des Beobachters auf der Erde durch seine Verschiebung gegen die benachbarten Fixsterne zu messen. Indes, da die damaligen Mondtafeln noch sehr unvollkommen und unverläßlich waren, wurde die Methode nur wenig verwendet. Nun bot auf einmal die Newtonsche Gravitationslehre die Möglichkeit, die Theorie der Mondbewegung bedeutend zu verbessern und mit großer Schärfe den Ort des Mondes am Himmel vorauszusagen. Die großen seefahrenden Nationen stifteten daher große Preise, die Londoner Akademie setzte im Jahre 1713 20 000 Pfund Sterling aus für eine Methode, nach der man die geographische Länge zur See bis auf $1/2$ Grad erhalten könnte, und kleinere Summen von 15 000 und 10 000 Pfund Sterling für eine geringere zu erzielende Genauigkeit. Für den gleichen Zweck stiftete 1715 die Regierung von Frankreich 10 000 Franks. Nach zwei Richtungen wurden die möglichsten Anstrengungen gemacht, diese hohen

Preise zu erringen. Praktische Mechaniker suchten die Chronometer zu verbessern, und Astronomen bemühten sich die Theorie des Mondes zu vervollständigen. Den großen Preis der Londoner Akademie gewann 1735 der Uhrmacher Harrison, dem es gelang, durch Kompensation der Unruhe gegen die Wärme eine Uhr herzustellen, die sich auf mehreren Seereisen ganz ordentlich bewährte. Auf denselben Preis machte aber auch der deutsche Astronom Tobias Mayer Ansprüche, dessen auf Grundlage der theoretischen Entwicklungen von Euler berechneten Mondtafeln (Göttingen 1753) den Ort des Mondes bis auf eine Genauigkeit von 75'' gaben. Doch erst nach seinem Tode erhielt seine Witwe (1764) bloß 3000 Pfund Sterling zugesprochen.

Der neueren Zeit gehören an die Mondtafeln von J. C. Burckhardt (Paris 1812), die sich auf die theoretischen Untersuchungen und Entwicklungen von Laplace stützen. Die gegenwärtig in Verwendung stehenden Tafeln des Mondes sind die von P. Hansen in Gotha herrührenden (gedruckt 1857 auf Kosten der englischen Regierung), mit den an ihnen von Newcomb vorgenommenen Verbesserungen.

II. Das Stabilitätsproblem.

7. Die Störungen, welche die Planeten aufeinander ausüben, und durch welche die Sonne die Bewegung des Mondes beeinflußt sind, wie es die gemachten Angaben übereinstimmend aussagen, sehr gering. Denn selbst die größte Störung, die der Mond durch die Sonne erleidet (die Evektion), ändert seinen Ort am Himmel nur um etwas mehr als 1^0 und dies bald im positiven Sinne, in der Richtung seiner Bewegung am Himmel, bald im entgegengesetzten.

Man kann von dem Verlaufe der Störungen durch die folgende Anschauung ein ziemlich zutreffendes Bild erlangen: Man gehe aus von den ungestörten Bahnen der Planeten und ihrer Monde, d. h. ihren Keplerschen Ellipsen. Die periodischen Störungen erzeugen in ihrem stetig gekrümmten Lauf kleine Kräuselungen, deren einzelne übereinander gelagerte Wellen verschiedenen Perioden angehören. Die säkularen Störungen wiederum bewirken, daß sich die Hauptrichtungen der Bahnellipsen, nämlich ihre Apsiden- und Knotenlinien, in nach Zehn-, ja Hunderttausenden von Jahren zählenden Perioden gegeneinander drehen und so im Laufe der Zeit stets nach anderen Punkten des Himmels hinweisen. Durch sie, sowie durch die kleinen Änderungen der Exzentrizitäten und Neigungswinkel, die mit diesen Drehungen der Apsiden und Knoten durch gleiche Perioden verbunden sind, werden die gegenseitigen Distanzverhältnisse der Planeten nur äußerst wenig berührt.

Das Sonnensystem zeigt, wie man daraus mit Recht schließt, in der Hauptsache die interessante Eigenschaft, daß es trotz der Störungen seiner einzelnen Glieder seine innere Struktur sehr wenig ändert. Es führt nur kleine Schwankungen um einen gewissen mittleren Zustand aus. Hierin ist das begründet, was Laplace die Stabilität des Sonnensystems nennt. Aber mit der einfachen Konstatierung dieser Tatsache begnügte sich Laplace nicht. Er fragte weiter, ob denn nicht in gewissen eigentümlichen Verhältnissen in diesem System wie etwa in der Anordnung seiner Glieder, in der Art der in ihm vor sich gehenden Bewegungen die tieferen Ursachen liegen, die diese Tatsache nach sich ziehen. Es glückte ihm die Frage zu beantworten durch den Nachweis, daß das Sonnensystem in der Tat gewisse Eigentümlichkeiten zeige, aus denen seine Stabilität erschlossen werden könne. Namentlich hebt er drei Eigentümlichkeiten hervor:

1. Im Sonnensystem finden alle Bewegungen in einem und demselben Sinne statt und mit dem Worte „alle" sind gemeint ebenso die Bewegungen aller Planeten um die Sonne, wie aller Monde um die Hauptplaneten und auch die Rotationen der Planeten um ihre Achsen sowie die Rotation der Sonne. Ausnahmen gegen diese fast als ein Naturgesetz anzusehende Tatsache bilden zunächst die Kometen, von denen ziemlich viele retrograd um die Sonne laufen, dann der Mond des Neptun, dessen Bewegung ebenfalls retrograd ist, und endlich zwei erst in jüngster Zeit entdeckte Monde, von denen einer (entdeckt 1908) dem Jupiter, der zweite (entdeckt 1904) dem Saturn angehört.

2. Die Exzentrizitäten der Bahnellipsen der Hauptplaneten, wie ihrer Monde, ebenso auch die Neigungswinkel ihrer Bahnebenen gegen die Ekliptik sind meist recht klein. Die Bahnen unterscheiden sich nur wenig von der Kreisform und sind gegeneinander nur wenig geneigt. Die Theorie lehrt hier, daß es in dem System eine Ebene gebe, deren Lage im Raume trotz der gegenseitigen Störungen der Planeten unveränderlich ist. Die Neigungswinkel aller Bahnen gegen sie sind und bleiben nur stets sehr gering. Ausnahmen gegen dieses Ergebnis der Beobachtungen bilden einige der kleinen Planeten in dem zwischen Mars und Jupiter sich bewegenden Schwarme, deren Bahnneigungen und Exzentrizitäten recht beträchtlich sind, dann die Kometen, deren Bahnen im Gegenteile meist recht stark

exzentrisch sind und mit der unveränderlichen Ebene des Systems recht große Neigungswinkel bilden, endlich die Monde des Uranus, dessen Bahnellipsen auf der Ekliptik fast senkrecht stehen.

3. Schließlich als letzte merkwürdigste und vielleicht auch wichtigste Eigentümlichkeit die, daß das Verhältnis der Umlaufszeiten zweier Körper um die Sonne sich nicht durch ganze Zahlen, sondern nur durch Brüche mit je mehr Dezimalstellen desto besser darstellen lassen dürfe oder, wie man in der Mathematik dies zu nennen pflegt, daß die Umlaufszeiten der Planeten zueinander in einem irrationalen oder inkommensurablen Verhältnisse stehen müssen.

Eine interessante Bestätigung dieses Gesetzes gibt der große aus mehr als 600 Körperchen bestehende Schwarm der kleinen Planeten, der zwischen der Bahn des Mars und der des Jupiters liegt und in seinem elliptischen Laufe um die Sonne fast nur durch den großen und ihnen ziemlich nahen Jupiter gestört wird. Der störende Einfluß des Mars und des Saturn ist wohl auch konstatiert, aber der des Mars ist wegen seiner geringen Masse, der des Saturn wieder wegen seiner größeren Entfernung vom Schwarm äußerst klein. Im allgemeinen liegen die Bahnen dieser Planeten zwischen den Grenzen 2,17 und 4,26, von der Sonne an gerechnet und die Distanz Sonne—Erde als Einheit angenommen. Nur die Distanz des Planeten Eros ist 1,46 und seine Bahn kreuzt die des Mars. Anderseits wieder sind die Distanzen der vier Planeten (Hektor, Achilles, Patroklus und Anonyma) 5,200 und ihre Bahnen reichen an die des Jupiter heran, deren große Achse 5,203 ist.

Das Studium der Verteilung dieser Planeten, nach statistischen Grundsätzen durchgeführt, deckte die merkwürdige Tatsache auf, daß ihre Anordnung zwischen den erwähnten Grenzen nicht, wie man aus Wahrscheinlichkeitsgründen schließen könnte, eine regelmäßige, d. h. eine stetig von Anfang an gegen die Mitte hin ansteigende und dann gegen das Ende zu wieder abnehmende ist, sondern, wie die folgende Tabelle es nachweist, zeigen sich an vielen Stellen Anhäufungen, an anderen wieder Lücken oder von Planeten fast leere Orte.

Lücken, das sind Stellen, an denen die Zahl der Planeten ganz plötzlich von einer größeren auf eine äußerst geringe herabsinkt, treten besonders markant hervor zwischen den den Umlaufszeiten 3,90—4,00 und 5,80—6,00 entsprechenden Grenzen. Vergleicht man sie mit der Umlaufszeit des Jupiter, die 11,86 Jahre beträgt, so zeigt sich, daß sie einem Bruchteil, nämlich $\frac{1}{3}$ und $\frac{1}{2}$ derselben, gleich sind. Weitere wohl weniger deutliche, aber doch merkbare Lücken finden

Name	Umlaufszeit in Jahren	Distanz von der Sonne	Zahl der Planeten
Mars	1,88	1,523	—
Eros	1,761	1,458	1
Hungaria	2,711	1,944	1
Albertia	3,020	2,089	1
Brucia	3,169	2,157	1
	3,20—3,30	2,172—2,217	15
	3,30—3,40	2,217—2,261	10
	3,40—3,50	2,261—2,305	9
	3,50—3,60	2,305—2,349	14
	3,60—3,70	2,349—2,392	32
	3,70—3,80	2,392—2,435	28
	3,80—3,90	2,435—2,478	21
	3,90—4,00	2,478—2,520	1
	4,00—4,10	2,520—2,562	15
	4,10—4,20	2,562—2,603	26
	4,20—4,30	2,603—2,644	26
	4,30—4,40	2,644—2,685	38
	4,40—4,50	2,685—2,726	24
	4,50—4,60	2,726—2,766	51
	4,60—4,70	2,766—2,806	48
	4,70—4,80	2,806—2,846	8
	4,80—4,90	2,846—2,886	22
	4,90—5,00	2,886—2,924	17
	5,00—5,10	2,924—2,963	5
	5,10—5,20	2,968—3,002	22
	5,20—5,80	3,002—3,040	19
	5,30—5,40	3,040—3,078	17
	5,40—5,50	3,078—3,116	17
	5,50—5,60	3,116—3,153	23
	5,60—5,70	3,153—3,191	39
	5,70—5,80	3,191—3,228	28
	5,80—6,00	3,228—3,802	16
	6,00—6,20	3,802—3,875	0
1) Hektor	6,20—6,40	3,875—3,447	4
	6,40—6,60	3,447—3,518	12
2) Achilles	6,60—6,80	3,518—3,589	4
	6,80—7,00	3,589—3,659	0
3) Patroklus	7,00—7,70	3,659—3,900	1
	7,70—7,90	3,900—3,967	5
Thule	8,801	4,263	1
4) Anonyma	12,00	5,20	4
Jupiter	11,86	5,208	—

sich außerdem noch vor an den den Umlaufszeiten 3,40—3,50, dann 4,70—4,80, 5,00—5,10 und endlich 6,60—7,00 entsprechenden Grenzen. Von 7,00 ab kommen die kleinen Planeten überhaupt nur mehr sporadisch vor. Einen Überblick über den Zusammenhang zwischen den Lücken und der Umlaufszeit des Jupiter gibt die nachstehende Tafel:

Zahl der Planeten	Grenzen der Umlaufszeit	Bruchteil der Umlaufszeit des Jupiter
1	3,90—4,00	$\frac{1}{3}$ von 11,86 = 3,954 Jahre
0	5,80—6,00	$\frac{1}{2}$ ″ ″ = 5,980 ″
9	3,40—3,50	$\frac{2}{7}$ ″ ″ = 3,889
8	4,70—4,80	$\frac{2}{5}$ ″ = 4,745
5	5,00—5,10	$\frac{3}{7}$ = 5,084
1	6,60—7,00	$\frac{4}{7}$ = 6,778
0	7,20	$\frac{3}{5}$ = 7,116
0	7,95	$\frac{2}{3}$ = 7,908

Aus ihr geht klar das Gesetz hervor, daß jene Stellen, deren nach dem dritten Keplerschen Gesetze berechnete Umlaufszeiten zu der des Jupiter in einem rationalen Zahlenverhältnisse stehen, keine oder nur sehr wenig Planeten enthalten. Diese gruppieren sich vielmehr in größerer Häufigkeit um jene Orte, deren entsprechende Umlaufszeiten zu der des Jupiter inkommensurabel sind.

Eine noch merkwürdigere Bestätigung des Gesetzes, nach welchem rationale Zahlenbeziehungen zwischen den Umlaufszeiten verboten sind, gibt seine Anwendung auf den Ring des Saturn. Wie bekannt und später noch des näheren ausgeführt werden wird (S. 105), ist die wahrscheinlichste Hypothese über dessen Konstitution die, nach welcher er nichts anderes ist als eine Wolke von Monden, deren Zahl so groß ist, daß man sie einzeln voneinander nicht trennen kann, sondern daß sie, im Fernrohr betrachtet, den Eindruck eines einheitlichen Körpers hervorrufen, die anderseits wieder so klein sind, daß sie unabhängig voneinander ihre Bewegung um den Saturn ausführen und sich gegenseitig nicht stören. Die Beobachtung zeigt, daß der Ring aus zwei konzentrischen Teilen besteht, einem äußeren weniger hellen und einem inneren helleren, welche beide durch einen breiten dunklen Streifen, die sogenannte Kassinische Trennungslinie, voneinander geschieden sind. Es entspricht nun den im äußeren Ringe befindlichen zahlreichen Monden eine Periode von 13,77

Stunden im Umlaufe um den Saturn, den den inneren Ring zusammensetzenden Monden eine Periode von 9,27 Stunden, während
an der Stelle, wo die Trennungslinie ist, etwa dort vorhandene
Monde eine Umlaufszeit von 11—12 Stunden haben müßten. Und
dies ist gleich $\frac{1}{2}$ der Umlaufszeit des ersten Saturnmondes, die
0,9542 Tage oder 22,62 Stunden, oder $\frac{1}{3}$ der Periode des zweiten
Saturnmondes, die 33,82 Stunden beträgt. Die Rolle, welche der
Jupiter in der Anordnung der kleinen Planeten spielt, indem er sie
aus den kommensurablen Stellen ausscheidet und in größerer Dichte
an den inkommensurablen Stellen auftreten läßt, die gleiche Rolle
spielen der erste und der zweite Saturnmond in der Anhäufung des
Schwarmes kleiner Monde, der als Doppelring den Saturn umschwebt.

8. Es ist nicht gar so schwierig, sich darüber klar zu werden, wie und
warum gerade das Vorhandensein der erwähnten Bedingungen die
Stabilität des Sonnensystems, wenn man darunter die Kleinheit der
gegenseitigen Störungen versteht, in sich schließt. Würden die Exzentrizitäten der Planetenbahnen recht groß sein, dann könnten Fälle
bedeutender Annäherungen unter ihnen eintreten, die ein solches Anwachsen der Störungen nach sich zögen, daß dadurch ihre Bahnen
sehr stark verändert, ja fast ganz umgestaltet würden. In der Tat
sind schon von den Astronomen einige derartige Bahnumwandlungen
beobachtet worden. Wohl nicht von Planeten, sondern von Kometen,
die sich in sehr exzentrischen Ellipsen um die Sonne bewegen und
daher in ihrem Laufe dem einen oder dem anderen der großen
Planeten recht nahe kommen können. Namentlich gilt in diesem Sinne
Jupiter, der größte unter den Planeten, als Kometenfänger par
excellence, dem die Umwandlung vieler sehr exzentrischer Kometenbahnen mit einer Umlaufszeit von mehreren 100 Jahren in solche
mit einer Umlaufszeit von 5—8 Jahren, die sich unter den periodisch
wiederkehrenden am häufigsten vorfinden, zugeschrieben wird. Aber
auch der umgekehrte Fall einer Umwandlung einer wenig exzentrischen in eine stark exzentrische Bahn, hat sich, wie erwähnt zu
werden verdient, bereits vollzogen. Der erste Komet des Jahres
1770 (entdeckt von Messier in Paris), benannt nach dem Astronomen
Lexell in Petersburg, der zuerst seine kurze Umlaufszeit von 5 Jahren
7 Monaten feststellte, der Lexellsche Komet, kam im Jahre 1767 in
parabolischer Bahn dem Jupiter so nahe, daß er von ihm in eine
Ellipse geschleudert wurde, die er zweimal in je 5,625 Jahren durchlief, bis er 1779 zum zweiten Male dem Jupiter nahe kam und eine

neue gänzliche Umänderung seiner Bahn erfuhr. Wahrscheinlich durchlief er seit jener Zeit eine zweite Ellipse in einer Umlaufszeit von 7,2 Jahren und erschien 1895 als ein neuer Komet (entdeckt von Swift in Amerika).

Ebenso zeigt die folgende Überlegung, weshalb der Fall der Kommensurabilität zwischen den Umlaufszeiten der Planeten ihre gegenseitigen Störungen bedeutend vergrößert und dadurch die Stabilität des Sonnensystems mindestens fraglich machen könnte. Würde etwa die Zeit des Umlaufes eines Planeten gerade doppelt so groß sein als die eines zweiten (Kommensurabilitätsfall 1 : 2), so kämen stets nach je einem Umlaufe des einen und zwei Umläufen des anderen beide genau in die gleiche relative Lage zueinander zurück, in der sie anfangs standen. Was sich in dieser Zeit an Störungen ergeben hat, würde sich in gleichem Betrage und in gleichem Sinne für jeden folgenden Umlauf des ersten und zwei Umläufe des zweiten wiederholen. Die Störungen, die im einzelnen recht klein sein können, würden sich stetig summieren und dadurch so-ansehnliche Beträge erreichen, daß eine volle Umgestaltung der Bahnen einträfe. Sind aber die Umlaufszeiten inkommensurabel oder stehen sie auch nur im Verhältnisse zweier größerer Zahlen zueinander, wie etwa 47 : 25 (genähert das Verhältnis der Umlaufszeiten von Erde und Mars, 1 Jahr und 1,881 Jahre), dann kämen derartige Konjunktionen erst nach 47 Umläufen des ersten und 25 des zweiten zum Vorschein. Das Anhäufen und Summieren der Störungen, die stets in einem Sinne erfolgen, vollzöge sich weit langsamer und um so langsamer, durch je größere Zahlen sich das Verhältnis der Umlaufszeiten darstellen läßt, je mehr es sich der Inkommensurabilität nähert.

Daß, wenn auch nur eine genäherte Kommensurabilität vorhanden ist, die Störungen tatsächlich recht ansehnlich werden können, davon gibt ein Beispiel die große, S. 16 erwähnte periodische Störung zwischen Jupiter und Saturn, deren spezielle Entdeckungsgeschichte hier ihres Interesses wegen erwähnt werden möge. Halley fand (1676) durch Vergleichung seiner Beobachtungen des Jupiter und des Saturn mit denen Hipparchs, daß sich die mittlere Bewegung des letzteren stetig verzögere, die des ersteren dagegen beschleunige, scheinbar so, als ob Saturn sich von der Sonne entferne, Jupiter vielmehr sich ihr nähere. Dieser merkwürdigen Tatsache gegenüber kommt Lambert (1773) durch Vergleichung seiner Beobachtungen mit denen Tycho Brahes aus den Jahren 1580—1590 genau zu dem entgegengesetzten Resultate, daß sich wenigstens gegenwärtig Saturn in seinem Laufe um die Sonne beschleunige, Jupiter dagegen verzögere. Erst Laplace gelang 1785 die Lösung des Widerspruches durch den Nachweis, daß da eine große periodische Störung vorliege, die in der genäherten Kommensurabilität der Umlaufszeit der beiden Planeten, 11,862 und 29,456 Jahre (es ist 11,862 : 29,456 = 2 : 5), ihren Grund habe. Durch sie kann Jupiter um 20′ seinem dem rein elliptischen Laufe entsprechenden Ort bald voreilen, bald hinter ihm zurückbleiben, während die gleiche Störung des Saturn 47′ beträgt und genau entgegengesetzt sich verhält. Wenn Jupiter nämlich seinem mittleren Orte vorläuft, also in seiner Bewegung beschleunigt wird, bleibt Saturn zurück und umgekehrt; die Verzögerung des Jupiter zieht eine Beschleunigung des Saturn nach sich. Im Jahre 1560 war die Bewegung des Saturns am langsamsten, die des Jupiter am schnellsten, im Jahre 2000 wird wieder das umgekehrte stattfinden, weitere 450 Jahre wiederum das Entgegengesetzte usw. Auch die Periode dieser Störung festzustellen ist nicht schwer. Ihre Berechnung läßt sich in folgender Art durchführen. Die mittlere jährliche Bewegung des Jupiter ist 360° : 11,862 = 30° 35, die des Saturn 360° : 29° 456 = 12° 22 und das Fünffache der letzteren 5 × 12,22 = 61° 1 unterscheidet sich vom Zweifachen der ersteren 2 × 30° 35 = 60° 7 nur um 0° 4. Die Periode der Störung zählt dann so viele Jahre als 0° 4 in 360° enthalten ist. Das sind gerade 900 Jahre. Die Bedeutung dieser Rechnung liegt darin. Vergleicht man die Richtung nach den beiden Planeten mit den zwei Zeigern einer Uhr, die in einem bestimmten Momente und an einer bestimmten Stelle des Zifferblattes sich decken, so werden die Zeiger wegen ihrer verschiedenen Geschwindigkeit immer mehr auseinandergehen, sich wohl wieder einmal decken, aber an einer anderen Stelle der Uhr, und erst nach 900 Jahren genau an der gleichen Stelle wie zuvor.

Natürlich kommen solche Kommensurabilitäten auch zwischen den anderen Planeten vor. Jede gibt Veranlassung zu einer periodischen Störung von merkbarer Größe und längerer Periode in den Bewegungen derselben. Doch keine ist so auffallend durch ihre Größe und so berühmt geworden durch ihre Geschichte, wie gerade die zwischen Jupiter und Saturn.

Nunmehr läßt sich auf Grund dieser merkwürdigen Tatsache, daß jede Kommensurabilität zwischen den Umlaufszeiten zweier Planeten eine stark anwachsende Störung nach sich ziehe, feststellen, wie im einzelnen die Bewegung eines in ziemlicher Breite dahinziehenden Schwarmes von Planeten vor sich geht, wie es der Ring der kleinen

Planeten zwischen der Bahn des Mars und der des Jupiter, oder wie es der Ring des Saturn ist. An jenen Stellen, deren entsprechende Umlaufszeiten zu der Umlaufszeit des störenden Körpers kommensurabel sind, würde die Störung recht große Werte erreichen. Die Bahnen der einzelnen Glieder des Schwarmes würden sich bedeutend ändern. Ein fortwährendes Wechseln der Bahnen, ein ununterbrochenes Durcheinanderschieben und gegenseitiges Behindern der einzelnen Körper würde da eintreten, wodurch eine geordnete Bewegung innerhalb des Schwarmes unmöglich wäre. Man kann sich nun denken, daß ursprünglich, als der Schwarm entstand, an den kommensurablen Stellen einzelne Körper sporadisch vorhanden waren, dann müssen die progressiv wachsenden Störungen sie bald aus ihnen hinausgeworfen haben. Die Lücken bildeten sich erst durch die Störungen. Man kann sich aber auch vorstellen, daß schon von Anbeginn, vom Momente des Entstehens des Schwarmes an, diese Stellen leer waren, dann müssen sie stets leer bleiben. Beide Anschauungen sind gleich berechtigt. Beide führen zu dem gleichen Ergebnisse, dem scheinbar teleologischen Satze: Die Natur duldet innerhalb eines derartigen Haufens von Körpern nur geordnete Bewegungen.

Im vollen Widerspruche mit der Tatsache der Existenz von Lücken an den kommensurablen Stellen zeigen die Monde der Planeten merkwürdigerweise recht viele Kommensurabilitäten. So haben die zwei Monde des Mars die Umlaufszeiten $u_1 = 0,3189$ und $u_2 = 1,2642$ Tage und es ist mit ziemlich großer Annäherung $4 u_1 = u_2$, d. h. die Umlaufszeiten zeigen das einfache Zahlenverhältnis $u_1 : u_2 = 1 : 4$. Für die vier älteren Jupitermonde gelten die Zahlen $u_1 = 1,7691$, $u_2 = 3,5512$, $u_3 = 7,1545$, $u_4 = 16,6890$ Tage. Sie zeigen mit recht großer Annäherung die Kommensurabilitäten

$$u_1 : u_2 = 1 : 2, \quad u_2 : u_3 = 1 : 2, \quad u_3 : u_4 = 3 : 7.$$

Die Umlaufszeiten der acht älteren Saturnmonde sind:

$$u_1 = 0,9424, \quad u_2 = 1,3702, \quad u_3 = 1,8878, \quad u_4 = 2,7369,$$
$$u_5 = 4,5175, \quad u_6 = 15,9454, \quad u_7 = 21,2673, \quad u_8 = 79,3294 \text{ Tage.}$$

Sie weisen die folgenden rationalen Verhältnisse auf:

$$u_1 : u_2 = 2 : 3, \quad u_1 : u_3 = 1 : 2, \quad u_2 : u_4 = 1 : 2, \quad u_5 : u_6 = 2 : 7,$$
$$u_6 : u_8 = 2 : 5, \quad u_6 : u_7 = 3 : 4.$$

Die in jüngster Zeit meist auf photographischem Wege neu entdeckten Monde des Jupiter zeigen diese eigentümlichen Zahlenbeziehungen nicht mehr. Der 5. (innerste) Jupitermond (entdeckt 1892) hat eine Umlaufszeit von 0,4982 Tagen, der 6. und 7. (entdeckt 1905) laufen in den fast gleichen Perioden von 251 und 265 Tagen um den Jupiter, beide in direktem Sinne und der 8. im Jahre 1908 entdeckte ist mit seiner Umlaufszeit von 840 Tagen retrograd. Ebenso ist der 9. Saturnmond (entdeckt 1904) mit einer Umlaufsperiode von 550 Tagen retrograd, der 10., dessen Bewegung wieder direkt ist, läuft in einer mit der des 7. fast identischen Zeit von 20,85 Tagen um den Saturn. Analoge Kommensurabilitäten zeigen auch die vier Monde des Uranus, deren Bahnen auf der Ekliptik fast senkrecht stehen. Ihre Umlaufszeiten sind:

$$u_1 = 2,5204, \quad u_2 = 4,1445, \quad u_3 = 8,7059, \quad u_4 = 13,4632$$

mit den Beziehungen:

$$u_1 : u_2 = 3 : 5, \quad u_1 : u_3 = 2 : 7, \quad u_1 : u_4 = 3 : 16.$$

Welches Bewandtnis hat es nun wieder damit? Die Theorie, entwickelt von den beiden französischen Meistern, Lagrange 1766 und Laplace 1784, sagt, wenn die Monde eines Planeten zu irgendeiner Zeit in naher Übereinstimmung mit gewissen Kommensurabilitäten in Bewegung gesetzt wurden, ihre gegenseitigen Anziehungen stets darauf hinzielen, daß selbst in den gestörten Bewegungen die Kommensurabilitäten erhalten bleiben. So sind die Umlaufszeiten der drei inneren unter den vier älteren Jupitermonden

$$u_1 = 1,7691, \quad u_2 = 3,5512, \quad u_3 = 7,1545 \text{ Tage.}$$

Ihnen entsprechen die mittleren täglichen Bewegungen:

$$n_1 = 360^0 : 1,7691 = 203^0\,50, \quad n_2 = 360^0 : 3,5512 = 101^0\,38,$$
$$n_3 = 360^0 : 7,1545 = 50^0\,32,$$

mit der Beziehung:

$$n_1 - 3\,n_2 + 2\,n_3 = 203^0\,50 - 304^0\,14 + 100^0\,64 = 0,$$

und diese ist so genau, daß in den Tausenden von Umläufen der drei Monde, die seit ihrer Entdeckung stattgefunden haben, bisher nicht die kleinste Abweichung von ihr aufgefunden wurde.

9. Es ist bekannt, wie diese merkwürdigen Beziehungen und Beobachtungstatsachen, durch welche die „Ordnung und ungestörte Harmonie im Sonnensystem bedingt" erscheint, einen so hervorragenden Geist wie Kant (1755) und etwa 40 Jahre später einen zweiten ihm ebenbürtigen Meister wie Laplace (1796) zur Aufstellung

ihrer zwei, trotz der räumlichen und zeitlichen Entfernung doch ziemlich übereinstimmenden kosmogonischen Hypothesen begeisterten. Wollten ja beide durch sie dem Gedanken Ausdruck geben, daß die Planeten nicht unabhängig voneinander entstanden sind, nicht irgendein Zufall sie zusammengebracht habe, sondern daß diese trefflichste Anordnung in der Einrichtung des Weltgebäudes auf einen ursächlichen Zusammenhang aller hinweise. Wenn man, sagt Kant, erwägt, daß sechs Planeten mit zehn Begleitern, die um die Sonne als Mittelpunkt Kreise beschreiben, alle nach einer Seite sich bewegen, und zwar nach derjenigen, nach welcher sich die Sonne selber dreht, so wird man bewogen zu glauben, daß eine Ursache einen durchgängigen Einfluß in dem ganzen Raume des Systemes gehabt hat, und daß die Einträchtigkeit in der Richtung und Stellung der planetarischen Kreise eine Folge der Übereinstimmung sei, „die sie alle mit der materialischen Ursache gehabt haben müssen, durch welche sie in Bewegung gesetzt wurden." Die Zahl der übereinstimmenden Fälle, äußert sich wieder Laplace, bei den Planeten und ihren Trabanten ist zu groß, als daß man sie für Zufall halten könnte. Man muß nach einer Ursache fragen, und diese kann nur in einem ursprünglichen Zusammenhange der ganzen Masse gesucht werden.

Beide Hypothesen unterscheiden sich wohl in wesentlichen Punkten voneinander. Trotzdem werden sie vielfach identifiziert und mit dem gemeinschaftlichen Namen Kant-Laplacesche Theorie der Bildung des Sonnensystems bezeichnet. In Verbindung mit dem Darwinschen Gedanken der Evolution der organischen Welt beherrschen sie heute viele Gebiete der Philosophie, namentlich der Ethik und Soziologie.

Die Laplacesche Theorie, die sich auf die Erklärung der Entstehung des Sonnensystems beschränkt, während Kant die Bildung des ganzen Weltalls erklären will, beruht im wesentlichen auf der Annahme, daß die Sonne ursprünglich eine chaotische Nebelmasse war, die bis zur Bahn des äußersten Planeten reichte. Sie besaß damals eine langsame Rotationsbewegung. Sei es durch Abkühlung infolge von Ausstrahlung in den leeren Weltraum oder durch Verdichtung infolge der gegenseitigen Anziehung ihrer Teilchen zog sich die Masse zusammen. Dabei mußte ihre Rotationsgeschwindigkeit zunehmen in gleichem Maße wie ihr Volumen abnahm, bis endlich ein Zeitpunkt kam, da an ihrer äußersten Grenze die Fliehkraft der Anziehung das Gleichgewicht hielt, ja bald sie übertraf. Es löste sich dann von der äquatorealen Zone eine Masse ab in der Form eines Ringes, die sich bald zu einem einzigen Planeten zusammenballte, oder vor ihrer Verdichtung ihrerseits wieder ringförmige Massen abstieß, die zu Monden wurden oder, wie im Falle des Saturn, als Ring stehen blieben. Diese abgestoßenen Massen müssen die Sonne in gleicher Bewegungsrichtung umkreisen, sowie infolge der größeren Geschwindigkeit der äußeren Teile des anfänglichen Ringes Achsendrehungen in gleichem Sinne ausführen. Ebenso müssen alle Bahn- und Rotationsebenen nahe zusammenfallen, und zwar mit der ursprünglichen Rotationsebene des Nebelballs.

Im Jahre 1845 gab Plateau, ein belgischer Physiker, einen Versuch an, welcher als eine sehr schöne Illustration zu der Kant-Laplaceschen Theorie angesehen werden kann, ja von vielen Optimisten unter den Physikern sogar als ein strenger Beweis für ihre Richtigkeit erklärt wird.

Das Experiment besteht darin, daß man eine kleine Menge Öl in ein Gemisch von Alkohol und Wasser gibt, das so reguliert ist, daß sein spezifisches Gewicht genau mit jenem des Öls übereinstimmt. Die Ölmasse nimmt sofort die Form einer Kugel an, d. i. eines großen Tropfens, der in der Mischung schwimmt ohne irgendeine Neigung zum Sinken oder Steigen, da er ja an jeder Stelle der Flüssigkeit im Gleichgewicht ist. Die Wirkung der Schwere ist gewissermaßen für die Ölmenge aufgehoben und unter dem Einflusse der molekularen Kräfte nimmt sie die Form einer Kugel an. Zieht man nun durch den Tropfen einen festen Draht durch, und zwar so, daß die Flüssigkeitsteilchen um den Draht symmetrisch herumlagern, und versetzt ihn durch eine Kurbel in eine langsame Drehung, so gerät bald infolge der starken Adhäsion des Öls an dem Metall des Drahtes der ganze Tropfen in Rotation. Man hat so das Modell des Kant-Laplaceschen rotierenden Flüssigkeitsballs vor sich.

Die erste Wirkung der Rotation besteht darin, daß sich der Öltropfen abplattet und zwar immer mehr und mehr, bis er endlich bei wachsender Rotationsgeschwindigkeit sich in eine kreisförmige Scheibe ausbreitet. In diesem Momente löst sich eine kleine Menge Öl von der Hauptmasse ab, die dann sofort wieder sich zu einer Kugel schließt, oder die Hauptmasse zerfällt in mehrere kleine Tropfen, die um das Zentrum weiter kreisen. Durch besondere Kunstgriffe kann man es auch dazu bringen, daß sich, wenn die Scheibenform erreicht ist, nicht eine einzelne Masse, sondern ein ganzer Ring lostrennt, und damit hat man ein fast völlig zutreffendes Bild des Saturn und seines Ringsystems vor sich, ebenso wie im ersten Falle ein Bild der Sonne mit ihrem Gefolge von Planeten.

Die Hypothese erklärt die Gleichstimmigkeit aller Bewegungen im Sonnensystem, der Revolutionen um die Sonne, wie der Rotationen um die Achsen, sie gibt Bescheid über die geringen Bahnneigungen und eventuell auch die kleinen Bahnexzentrizitäten. Sie läßt aber die Frage offen, warum bei den Planeten Inkommensurabilitäten, bei den Monden dagegen Kommensurabilitäten bevorzugt erscheinen.

Doch nun kommen die Ausnahmen gegen die die Stabilität der Bewegungen im System verursachenden Bedingungen, Ausnahmen, die als Störungen der merkwürdigen Harmonie in ihm und damit als ein Einwand gegen die Laplacesche Theorie empfunden wurden. Die erste ist die Entdeckung des Planeten Uranus (Herschel 1781) und seiner vier Monde (zwei von Herschel 1785, zwei von Laßell 1851 entdeckt), die ihn in Bahnen umkreisen, deren Ebenen auf der Ekliptik oder der gemeinschaftlichen Bahnebene aller Planeten fast senkrecht stehen. Die folgende Reihe der Entdeckungen der kleinen Planeten zwischen Mars und Jupiter, die 1801 mit der Ceres begann, zunächst durch die Entdeckung der Pallas (1803), der Vesta (1804) und der Juno (1809) abgeschlossen schien, dann aber 1847 wieder begann und eine selbst die kühnsten Erwartungen übersteigende Ausdehnung erlangte (die Zahl der bekannten Planeten beträgt heute mehr als 600), änderte an der Sachlage für oder gegen die Laplacesche Lehre nichts. Alle diese Planeten beschreiben in direktem Sinne ihre Bahnen um die Sonne. Es braucht, um ihre Entstehung zu erklären, nur angenommen zu werden, daß in diesem speziellen Falle die vom Hauptballe abgeschiedene Masse in viele voneinander getrennte Teile zerfiel und so nicht einen großen Planeten, sondern einen Schwarm kleiner Planeten lieferte.

Erst wieder die bekannte, nicht dem Zufalle zuzuschreibende, sondern auf eine methodische Berechnung aus Störungen des Uranus beruhende Entdeckung des Planeten Neptun (1846) brachte einen neuen Einwand gegen die Laplacesche Theorie. Sein Mond (entdeckt von Laßell 1846) ist retrograd. Das Jahr 1877 brachte die Entdeckung der beiden Marsmonde (entdeckt von Asaph Hall) und es zeigte sich, daß der innere mit seiner Umlaufszeit von 7 Stunden 38 Minuten rascher um den Mars herumlaufe, als dieser selbst sich um seine Achse drehe (24 Stunden 40 Minuten), und so den Marsbewohnern während einer Nacht das Phänomen eines ganzen Phasenwechsels bieten könne. Die auf photographischem Wege erfolgte Entdeckung des 6. und 7. Jupitermondes gab, da beide Monde

die fast identischen Umlaufszeiten von 253 und 260 Tagen haben,
das erste Beispiel von sich im Raume kreuzenden Mondbahnen,
während solche bisher nur in dem Schwarm der kleinen Planeten
bekannt waren. Ein 9. Saturnmond, mit der riesig großen Umlaufs=
zeit von 550 Tagen, entdeckt 1904, wurde wieder als retrograd er=
kannt und paßt ebenfalls nicht in die Harmonie im Sonnensystem
hinein. Der 10. Saturnmond (1904 entdeckt) hat eine Umlaufszeit
von 20,8 Tagen, die mit der des altbekannten 7. fast identisch ist (von
21,5 Tagen). Die Exzentrizität seiner Bahn ist aber ungemein
groß, so daß auch hier wieder ein Fall von Bahnkreuzungen vorliegt.
Der neue Mond steht in der Saturnnähe innerhalb der Bahn des
7., in der Saturnferne aber außerhalb der des 8. Mondes. Der 8.,
1907 entdeckte Jupitermond ist retrograd.

Auch in dem Schwarme der kleinen Planeten brachte die neueste
Zeit manche Überraschung. Mit der 1898 erfolgten Entdeckung des
Planeten Eros verschoben sich die Grenzen des Schwarmes, dessen
einzelne Bahnen innerhalb der des Mars und des Jupiters liegen,
in den Raum diesseits des Mars, also zwischen Erde und Mars. Die
kleinste Entfernung dieser Planeten von der Sonne (seine Perihel=
distanz) beträgt nur 1,13 astronomische Distanzeinheiten, während die
mittlere Distanz des Mars von der Sonne 1,52 Distanzeinheiten zählt.
Anderseits reicht wieder der Planet Venusia, entdeckt 1902, in seinem
Aphel fast bis an den Jupiter heran. Seine Apheldistanz beträgt 4,84
Distanzeinheiten, während die mittlere Distanz des Jupiters 5,20 ist.

Von noch größerem Interesse sind die Entdeckungen der vier
Planeten Hektor, Achilles, Patroklus und eines vierten noch un=
benannten, die in den Jahren 1906—1908 erfolgte und auf die An=
fänge einer ganz neuen Gruppe von Planeten hinzuweisen scheint.
Diese vier Planeten bewegen sich in fast identischen Ellipsen, deren
Umlaufszeiten und deren Dimensionen zudem noch nahezu mit der
Umlaufszeit und den Dimensionen der Bahnellipse des Jupiter
zusammenfallen. Es zeigt sich hier der erste im Sonnensystem vor=
kommende Fall, daß fünf Körper hintereinander herlaufen, Patroklus
und der vierte unbenannte dem Jupiter voran, Achilles und Hektor
ihm nach. Wie verhält es sich mit der Stabilität der Bewegung
dieser Körper, bei denen die Gefahr einer großen Störung durch die
mächtige Anziehung des Jupiter eine drohende ist? Die Antwort
auf diese Frage kennt man schon von lange her. Nur dachte man,
daß ein solcher Fall sehr unwahrscheinlich sei und in Wirklichkeit nie
vorkommen werde. Lagrange bewies im Jahre 1770, daß in dem

speziellen Falle, als zwei sich um die Sonne bewegende Körper mit
dieser ein gleichseitiges Dreieck bilden, dies eine stabile Bewegung
bedeute. Tatsächlich zeigte sich nach der bald nach der Entdeckung
durchgeführten Bahnbestimmung, daß die zwei vorlaufenden wie die
zwei nachgehenden Planeten vom Jupiter Abstände von 46° und 50°
haben. Und wenn diese Winkelabstände nicht genau 60° betragen,
wie es der Bedingung entsprechen würde, daß die Planeten einerseits, Jupiter und Sonne anderseits die Ecken eines gleichseitigen
Dreieckes bilden sollten, so ist dies nur Störungen zuzuschreiben.
Die Theorie verlangt, daß die Störungen stets nur klein bleiben
können und sich innerhalb größerer Zeiträume restituieren. Für den
Planeten Achilles hat man diese größte und kleinste Schwankung
schon berechnet und sie zu 43°—77° gefunden.

10. Es zeigt sich damit klar, daß die Laplacesche Hypothese zu einfach ist und in ihrer Einfachheit nicht hinreicht, den ganzen Komplex
merkwürdiger Beziehungen und interessanter Eigentümlichkeiten zu
erklären, die im Sonnensystem auftreten. Vielfache Versuche wurden
daher gemacht, sie durch Hinzufügung von Ergänzungshypothesen zu
stützen und weiter auszubilden. Indes wurden in neuerer Zeit auch
manche Bedenken physikalischer Natur gegen ihre Richtigkeit und
Wahrscheinlichkeit erhoben. Der schwierigste Punkt in ihr ist die
Vorstellung davon, wie sich Materie vom ursprünglichen Nebelball
losriß, wie sich aus dieser Materie ein einziger Ring bildete und
dieser wieder zu einem einzigen zusammenhängenden Körper zusammenballte. Daß die Abtrennung der Materie vom Urnebel auf
einmal erfolgen sollte, scheint sehr unwahrscheinlich. Auch die Existenz
der Saturnringe, die man sonst als eine Art Versteinerung der bei
der Bildung des Sonnensystems stattgehabten Prozesse anzusehen
sich gewöhnte, spricht mehr gegen als für die Richtigkeit der Laplaceschen Theorie, da sie neuen wohl begründeten Anschauungen zufolge
keinen zusammenhängenden Körper bilden als vielmehr ein Konglomerat aus unzählig vielen kleinen Körpern sind. Viel eher würde
man bei dem gasförmigen Zustand des Anfangsnebels an ein konti-
nuierliches Abfließen, an eine ununterbrochen erfolgende Abspaltung
von Massenteilchen denken; diese würden aber dann nicht einen zusammenhängenden Ring und durch sein Zusammenfließen einen
einzigen Planeten, sondern eine flache aus unzähligen Ringen
bestehende Scheibe bilden.

Neuere kosmogonische Hypothesen, die sich nicht so sehr damit be-
fassen, die Laplacesche Lehre zu ergänzen und an ihr ein mehr oder

weniger vertrauenswürdiges Flickwerk zu versuchen, als sich vielmehr auf eine neue Basis stellen wollen, sind die Lockyersche Meteo-
riten- und die Chamberlain-Moultonsche Einsturzhypothese. Beide
haben den Vorzug, daß sie eine größere Mannigfaltigkeit von Bahn-
formen, Bahnneigungen und auch Fälle retrograder Bewegungen zu
erklären imstande sind, als es nach der einfachen Laplaceschen Lehre
der Ringbildung der Fall ist. Beide haben also den Vorzug einer
größeren Fruchtbarkeit für sich und gerade hierin liegt vielleicht ein
Hauptmoment dafür, ihnen ein größeres Gewicht zuzuerkennen.

Die Meteoritenhypothese setzt an Stelle des Laplaceschen Gasballs einen Schwarm von Meteorsteinen, wie sie noch heute in den
anmutig dahinschießenden Sternschnuppen und den plötzlich hell
erstrahlenden und ebenso plötzlich verschwindenden Meteoren sich
vertreten finden. Solche Meteorsteine mögen anfangs, in ganz zu-
fälliger Anordnung durcheinander geworfen, den Raum, der der
Ausdehnung des Sonnensystems entspricht, erfüllt und sich in ihm
nach allen möglichen Richtungen bewegt haben. Größere zufällige
Massenanhäufungen unter ihnen zogen bald kleinere aus der Nach-
barschaft an sich und bildeten stetig anwachsend Sonne, Planeten
und deren Monde, aber nicht sukzessive, sondern alle fast gleichzeitig. — Anfangs bewegten sich alle Körper nach allen möglichen
Richtungen. Dabei dürften Zusammenstöße nicht gar selten stattgefunden haben, bis sich endlich eine Anordnung herstellte, in der
fast alle Bewegungen in einer Richtung erfolgten und fast alle Bahnen in einer Ebene liegen, eine Anordnung, die wir heute im Sonnensystem bewundern.

Neben dem Ersetzen des Laplaceschen Gasballs durch einen Meteor-
schwarm liegt das Neue dieser Hypothese in dem Gedanken, daß das
Planetensystem nicht von Haus aus so stabil eingerichtet war, daß
in ihm keine Zusammenstöße vorkamen, sondern daß die Zusammenstöße erst jene treffliche Anordnung herstellten, in welcher sie aus-
geschlossen sind.

Die Moultonsche Hypothese geht wieder von der Annahme aus,
daß das Sonnensystem ursprünglich eine chaotische Nebelmasse war.
Sie nimmt ferner an, daß außer ihr noch viele andere solcher Nebelmassen im Weltenraume vorhanden waren und noch sind, alle in
unregelmäßigen Bewegungen begriffen. Da kann es sich nun er-
eignen, daß zwei solcher Nebelmassen nahe aneinander vorbeizogen,
näher als sonst nach ihren mittleren Distanzen anzunehmen wäre.
Dadurch wurden sowohl auf der dem vorbeiziehenden Körper zu-

gewandten Seite des Sonnennebels wie auf der entgegengesetzten Seite zwei Flutberge erzeugt, ähnlich wie der Mond zwei Fluten auf der Erde hervorruft. Und so wie diese mit dem Monde um die Erde laufen, erhielten auch die auf der Sonne erzeugten Flutberge einen Bewegungsantrieb in der Richtung und in der Bahnebene des vorbeiziehenden Körpers und gaben so Veranlassung zur Entstehung eines Spiralnebels, einer Form von Nebeln, die am Himmel recht zahlreich sind. Von einem derartigen Spiralnebel nahm die Entwicklung des Sonnensystems ihren Ausgang. Jeder Flutberg bedeutet nämlich eine Ausströmung größerer und kleinerer Massen mit größerer und kleinerer Geschwindigkeit aus dem ursprünglichen Nebel. Diese ausgeströmte Masse fiel nicht immer auf die Sonne zurück, sondern umkreiste durch den ihr erteilten Impuls die Sonne. So entstanden die großen Planeten. Neben diesen größeren Massen wurde auch eine Menge fein verteilten Stoffes bei dem Ausbruch frei. Diese bildete teils die Gruppe der kleinen Planeten, die sich um die Sonne, teils die Gruppen der Trabanten, die sich um die großen Planeten bewegen.

Es ist nicht schwer einzusehen, daß durch diese Annahmen die Haupteigenschaft des Sonnensystems, die der Gleichstimmigkeit aller Bewegungen erhalten bleibt, sowie die der geringen Bahnneigungen. Ferner, wie hier die Rechnung zeigt, sind auch retrograde Bahnen möglich, aber nur bei den kleineren Massen der Monde. Schließlich läßt sich auch die ungefähre Übereinstimmung der Rotationsrichtungen von Sonne und Planeten erklären. Man hat anzunehmen, daß die auf die Sonne und etwa auch auf die Planeten nach der Ausströmung wieder zurückgefallenen Massen ihnen durch den Stoß beim Herabfallen einen Drehungsantrieb in der Richtung des Falles gaben und so eine Rotation derselben veranlaßten, die in gleichem Sinne verläuft, wie ihre fortschreitende Bewegung.

11. Indes geben alle bisherigen Untersuchungen über die Stabilität im Sonnensystem mit ihren Ergebnissen keine volle Lösung dieses Problems. Sie sind doch nur Näherungen und befriedigen uns bloß vom Standpunkte einer groben Empirie, wenn es sich darum handelt, für chronologische Zwecke oder für geographische Ortsbestimmungen oder für nautische Fragen den Ort eines Planeten oder des Mondes am Himmel zu kennen. Sie lassen aber die Frage offen, auf welche Zeiträume sich ihr Geltungsbereich erstreckt, wenn wir „unseren Blick aus der zeitlichen Beschränktheit der menschlichen Erfahrung erheben und das Geschick des Sonnensystems in einer

Vergangenheit oder einer Zukunft zu erfahren wünschen, die nach Millionen von Jahren zählt". Die Beantwortung dieser Frage führt auf ein rein mathematisches Problem, die Untersuchung der Reihen nämlich, mit denen die Astronomen arbeiten und durch die sie die Örter der Planeten und ihrer Monde am Himmel feststellen, in bezug auf ihre Divergenz oder Konvergenz.

Unter einer konvergenten Reihe versteht man eine Folge von nach einem bestimmten mathematischen Operationsgesetze fortschreitenden Zahlen, deren Summe trotz ihrer unendlich vielen Glieder eine endliche ist. Eine solche Reihe ist beispielsweise die Zahlenfolge:

$$\frac{1}{2} + \frac{1}{4} + \frac{1}{8} + \frac{1}{16} + \frac{1}{32} + \cdot \quad \text{ins Unendliche}$$

Ihre Summe läßt sich in folgender Art berechnen. Man nehme ein Blatt Papier und falte es in zwei gleiche Teile. Ein Teil repräsentiert dann das Reihenglied $\frac{1}{2}$. Den zweiten übrig bleibenden Teil falte man wieder in zwei gleiche Teile. Einer davon ist das Glied $\frac{1}{4}$ der Reihe. Den Rest halbiere man wieder und der eine Teil bedeutet jetzt das dritte Glied der Reihe $\frac{1}{8}$. So fortsetzend kommt man endlich zu Teilungen, die praktisch nicht mehr durchführbar sind. Man sieht aber, daß die Summe aller Teile doch wieder das ganze ursprüngliche Blatt gibt. Mathematisch heißt dies

$$\frac{1}{2} + \frac{1}{4} + \frac{1}{8} + \frac{1}{16} + \cdot \quad \text{ins Unendliche} = 1$$

oder die unendliche Zahlenfolge konvergiert gegen die Einheit. Ebenso konvergente und auch nicht schwer summierbare Reihen sind

$$\frac{1}{3} + \frac{1}{9} + \frac{1}{27} + \frac{1}{81} + \cdot \quad \text{ins Unendliche} = \frac{1}{2}$$

$$\frac{1}{5} + \frac{1}{25} + \frac{1}{125} + \frac{1}{625} + \quad \text{ins Unendliche} = \frac{1}{4}.$$

Eine divergente Reihe ist dagegen die Zahlenfolge

$$\frac{1}{2} + \frac{1}{3} + \frac{1}{4} + \frac{1}{5} + \frac{1}{6} + \frac{1}{7} + \cdot \quad \text{ins Unendliche}.$$

Ihre Summe nähert sich keinem endlichen Grenzwerte, sondern ist unendlich groß. Man kann sich davon durch folgende Überlegung überzeugen. Gruppiert man zunächst die Reihe in der Form

$$\frac{1}{2}$$
$$\frac{1}{3} + \frac{1}{4}$$
$$\frac{1}{5} + \frac{1}{6} + \frac{1}{7} + \frac{1}{8}$$
$$\frac{1}{9} + \frac{1}{10} + \frac{1}{11} + \frac{1}{12} + \frac{1}{13} + \frac{1}{14} + \frac{1}{15} + \frac{1}{16}$$
$$\text{ins Unendliche}$$

und ersetzt in jeder Gruppe die einzelnen Glieder durch das letzte und kleinste, so erhält man

$$\frac{1}{2}$$

$$\frac{1}{4} + \frac{1}{4}$$

$$\frac{1}{8} + \frac{1}{8} + \frac{1}{8} + \frac{1}{8}$$

$$\frac{1}{16} + \frac{1}{16} + \frac{1}{16} + \frac{1}{16} + \frac{1}{16} + \frac{1}{16} + \frac{1}{16} + \frac{1}{16}$$

ins Unendliche .

Offenbar ist die Summe der ursprünglichen Reihe größer als die Summe der neuen, da ja in ihr für die einzelnen Glieder stets nur kleinere Zahlenwerte substituiert wurden. Die Summe der neuen Reihe ist aber

$$\frac{1}{2} + \frac{1}{2} + \frac{1}{2} + \frac{1}{2} + \cdot \quad \text{ins Unendliche}$$

und daher, da die Anzahl der Glieder in ihr unendlich groß ist, selbst unendlich groß, um so mehr also auch die Summe der Glieder der ursprünglichen Reihe. Die Reihe

$$\frac{1}{2} + \frac{1}{3} + \frac{1}{4} + \frac{1}{5} + \quad \text{ins Unendliche}$$

besitzt keinen Grenzwert, ihre Summe wächst ins Unendliche.

Sind nun, so stellt sich die zu beantwortende Frage dar, die die Koordinaten der Planeten darstellenden Reihen von der ersten oder von der zweiten Art? Erst die jüngste Zeit brachte hier eine Entscheidung, leider nicht ganz im günstigen Sinne. Poincaré wies (1890) nach, daß die Reihen, deren sich die Astronomie zu ihren Untersuchungen bedient, nicht konvergent sind, aber auch nicht gerade divergent, sondern daß sie den Charakter semikonvergenter Entwicklungen besitzen, d. h. solcher, deren erste Glieder abnehmen, so als ob die Reihe konvergieren würde, die folgenden aber plötzlich und rasch wieder ansteigen. Ein Beispiel einer solchen Reihe ist:

$$1 + \frac{1^1}{100^1} + \frac{2^2}{100^2} + \frac{4^4}{100^3} + \frac{8^8}{100^4} + \frac{16^{16}}{100^5} + \quad \text{ins Unendliche.}$$

Die vier ersten Glieder konvergieren. Sie sind

$$1 + 0,01 + 0,0004 + 0,000\,256$$

und geben die Summe 1,010656. Allein schon das fünfte Glied steigt wieder an, es ist 0,167772161 das nächste sechste erreicht sogar den Wert

$$1845000000$$

und natürlich zu noch viel größeren Zahlen wachsen die folgenden Glieder an.

Beschränkt man sich daher bei der Untersuchung über den gestörten Lauf eines Planeten am Himmel auf die ersten Glieder einer solchen Reihe, sowie man auch in der ganzen Anlage der Störungsrechnung die sukzessiven Annäherungen nicht ins Unbegrenzte fortsetzt, sondern bei einem bestimmten Grade derselben stehen bleibt, so erhält man eine bestimmte Summe, die den Wert der Reihe für diese Anzahl der Glieder darstellt. Die Berechtigung aber dazu, nur eine kleine Anzahl von Gliedern in Rechnung zu ziehen, liegt darin, daß man die Gültigkeit der Reihe nur auf kleinere Zeiträume ausdehnt. Man kann daher sagen, für kleinere Zeiträume gelten die entwickelten Sätze und die aus ihnen gezogenen Schlüsse über die Stabilität des Sonnensystems, nicht mehr aber für unbeschränkte Zeiten, da für diese auch die folgenden nicht mehr konvergierenden Glieder der Reihe mit zu berücksichtigen wären.

Wie groß sind aber die kleinen Zeiträume im ersten Falle und die größten im zweiten Falle? Auf Grund einer Abschätzung zieht Schwarzschild den Schluß, daß die von den Astronomen verwerteten Näherungsformeln jedenfalls völlig genügen für Zeiten, aus denen Nachrichten über Beobachtungen vorliegen. Es seien solche Zeiträume historische Zeiten genannt. Die in ihnen enthaltene Zusicherung der Stabilität ist auch noch für eine Million von Jahren richtig, insofern während jener Zeit nur unbedeutende Änderungen der Bahnen vor sich gehen. Sie ist ferner wahrscheinlich für 1000 Millionen von Jahren. Erst in Billionen oder vielleicht Trillionen von Jahren (es mögen solche Zeiträume geologische Zeitperioden heißen) dürften sich die Störungen so häufen, daß sie zu einer Vernichtung der jetzt bestehenden Ordnung führen werden.

Und wenn wir weiter fragen, woran es denn liegt, daß wir unterscheiden müssen zwischen kleinen und größeren Zeiträumen, zwischen historischen und geologischen Perioden, so ist die Antwort darauf die, daß der Maßstab, nach dem wir die Zeit messen, für die Verhältnisse im Sonnensystem ein viel zu kleiner ist. Wir entnehmen ihn der Dauer eines Umlaufes der Erde um die Sonne, und nennen diese Einheit ein Jahr. Wir entnehmen ihn der Dauer des menschlichen Lebens oder der Periode der Entwicklung der menschlichen Gesellschaft und nennen diese Einheit eine Ära. Aber beide Einheiten sind zu kurz, um die Zeiten zu charakterisieren, in denen die Natur das Ziel, dem sie zustrebt, erreicht. Für ängstliche Gemüter sei hier die Bemerkung angeführt, daß dieses Ziel uns völlig unbekannt ist, und daß es ebensogut eine Vernichtung des Vorhandenen wie auch eine noch bessere Anordnung der jetzt schon existierenden besten Welt sein kann. Der Maßstab selbst, nach dem diese für die Zustände im Sonnensysteme angemesseneren Zeiträume zu bestimmen sind, wird am besten durch das folgende der Grimmschen Sammlung entnommene Märchen geschildert. Es lautet: In Hinterpommern liegt ein Berg, der ist eine Stunde lang, eine Stunde breit und eine Stunde hoch. Er besteht ganz aus hartem Diamant. Alle Tausend Jahre kommt ein Rabe geflogen und wetzt seinen Schnabel an ihm. Und wenn der Berg ganz abgewetzt sein wird, dann ist eine Sekunde der Ewigkeit vorbei.

III. Das Kometenproblem.

12. Zu den rätselhaftesten und seltsamsten Erscheinungen, die die Menschen hie und da am Himmel zu bewundern in die Lage kommen, gehören die Kometen. Als kleine Sterne, etwa von der Helligkeit der Sterne dritter und vierter Größe tauchen sie am Himmel auf, ziehen scheinbar ein langes Büschel hellglänzender Strahlen nach sich und ebenso plötzlich, wie sie gekommen, verschwinden sie wieder in den Sonnenstrahlen — auf Nimmerwiedersehen. Durch das Plötzliche ihres Erscheinens, durch das Seltsame ihres Anblicks fordern sie unser Interesse heraus und erregen in uns das Bestreben, das Geheimnis zu lüften, in das sie sich hüllen. Zu mannigfachen Fragen geben sie uns Veranlassung, Fragen nach ihrem Ursprung, woher sie denn kommen, wohin sie gehen mögen, und welche Bahn sie am Himmel beschreiben, Fragen ferner nach ihrer inneren Konstitution und damit im Zusammenhange nach der Art des Entstehens des mächtigen Schweifes, den sie während ihrer Sichtbarkeit am Himmel zeigen und dem Wesen der Kräfte, die dabei wirksam sind.

Zwei Ansichten über das Wesen und den Ursprung der Kometen standen seit alten Zeiten in gelehrten Kreisen einander gegenüber. Nach der einen, als deren Hauptvertreter Aristoteles anzusehen ist, sollten die Kometen nur atmosphärischen Ursprungs sein. Ausdünstungen der irdischen Atmosphäre, die daher wie Wolken sich nur in der Nähe der Erde bewegen, nicht über die Entfernung des Mondes hinausgehen und daher auch wie Wolken kein spezielles astronomisches Interesse für sich beanspruchen. Unsere Erde, sagt Aristoteles, ist von drei verschiedenen Luftregionen umgeben: die unterste, in der die Menschen sich befinden, in der sie atmen und leben, ist an die Erde gebunden und vermag sich nicht von ihr zu entfernen. Die zweite Region ist sehr kalt, Geschöpfe halten sich in ihr nicht auf, aber sie ist, wie die erste, noch an die Unbeweglichkeit der Erde gebunden. Die dritte endlich, wegen der Nähe der feurigen Ätherregion weniger kalt, nimmt schon an der allgemeinen 24 stündigen Bewegung des ganzen Himmels teil und unterscheidet sich dadurch wesentlich von den beiden anderen. Beständig steigen Dünste aus der Erde auf; sind sie heiß und trocken, so können sie bis in die oberste Luftregion gelangen, wo der rasche Umschwung sie ergreift, fortführt, zusammenballt und verdichtet. Die rasche Bewegung und vielleicht auch die Nähe der Feuerregion oder die Wirkung der Sonne läßt die Massen in Brand geraten, und so werden sie als Kometen der Erde sichtbar. Andere Dünste gleicher Art folgen stets nach, vereinigen sich mit dem Kometen, unterhalten und verstärken sein Feuer, bis die Erde sich erschöpft, ihm keine Nahrung mehr bieten kann und so der Komet nach und nach verlischt.

Ganz anderer Anschauung ist dagegen Seneka: Ich kann mich nicht überzeugen, sagt er, daß der Komet ein vor kurzem ausgebrochenes Feuer sei, er ist vielmehr ein bleibendes Werk der Natur. Was in der Luft entsteht, hat keine Dauer. Feurige Meteore, die wir in der Luft sehen, ziehen geradlinig fort, die Kometen aber folgen der allgemeinen, nur den Gestirnen eigenen Kreisbewegung. Was dem Zufall sein Entstehen verdankt, die Meteore, der Blitz, die Sternschnuppen, vergeht so schnell wie es kommt. Wäre der Komet ein Feuer, müßte sich dann nicht seine Größe und Gestalt in jedem Augenblicke ändern? Er nimmt im Gegenteil seinen Platz unter den übrigen Gestirnen ein, er vollführt seinen Lauf am Himmel und, verschwindet er uns, so ist er nicht erloschen, sondern er hat sich nur weiter entfernt. Man wird mir vielleicht einwenden, daß, wenn die Kometen Wandelsterne sind, sie sich innerhalb des Zodiakalkreises halten müssen. Allein, wer hat dem Zodiakus Grenzen gesetzt und wer will die Grenzen Gottes beschränken? Die Planeten haben nicht alle den gleichen Lauf. Warum soll es nicht noch andere geben, die einen noch ganz verschiedeneren haben? Sollen die großen Räume außerhalb des Zodiakalkreises ohne alles Leben und ohne Bewegung sein? Der Größe des Universums ist es weit angemessener anzunehmen, daß sich überall im Raume Bahnen von Wandelsternen befinden, als daß unter so vielen, die den nächtlichen Himmel schmücken, nur fünf (Merkur, Venus, Mars, Jupiter und Saturn) das alleinige Vorrecht der Bewegung innerhalb des engbeschränkten Zodiakus haben. Aber, fragt man mich weiter, warum kann man

den Lauf der Kometen nicht wie den der Planeten bestimmen?
Wie viele Wahrheiten sind uns denn überhaupt erschlossen? Niemand
wird die Existenz seiner eigenen Seele leugnen und dennoch wird
niemand behaupten, das Wesen der Seele erklären oder den Ort
des Körpers angeben zu können, wo sie sich befindet. Wenn der
Mensch sich selbst nicht genau kennt, ist es zu verwundern, wenn er
von den Dingen außer ihm noch weniger weiß? Wundern wir uns
also nicht länger, daß die Gesetze der Bewegung der Kometen noch
nicht erforscht sind; sie erscheinen so selten, ihre Rückkehr läßt so lange
auf sich warten, daß es für uns unmöglich ist, eine genaue Kenntnis
von ihnen zu besitzen. Es wird jedoch der Tag anbrechen, wo eine
beharrliche Forschung dahin gelangt sein wird, die uns verborgene
Wahrheit über die Kometen zu entschleiern, wo unsere Nachkommen
sich wundern werden, daß uns so einfache und natürliche Gesetze
verborgen bleiben konnten.

Indes trotz dieser glänzenden Verteidigungsrede siegte die erste
Anschauung über den Ursprung der Kometen. Sie war faßlicher
und entsprach dem merkwürdigen Aussehen der Kometen, das sie
so sehr von den Planeten unterscheidet, mehr als die zweite. Zudem
war sie durch die Autorität des Aristoteles gestützt und erlangte bald
den Charakter eines Dogma, das ebenso wie das Dogma von der
Unbeweglichkeit der Erde durch fast zwei Jahrtausende die wissenschaftliche Welt beherrschte. Aber noch aus einem anderen Grunde
erschien sie den landläufigen Ansichten angemessener. Sie entsprach
nämlich dem Glauben, nach welchem jede Kometenerscheinung mit
einem schreckensvollen Tagesereignisse in wechselseitiger Beziehung
stehe. Der Glanz und die Helligkeit der Kometen, das Seltsame ihres
Aussehens, das Unerwartete ihrer Erscheinung, der Umstand, daß
manche unter ihnen wegen der eigentümlichen Lage ihrer Bahn
erst im Momente ihres größten Glanzes sichtbar wurden und dann
ebenso plötzlich wieder verschwanden, mögen die äußere Anregung
zu diesem Glauben gewesen sein, nach dem ihr Eintreffen mit dem
anderer Ereignisse in Verbindung stehe und auf dessen Grundlage
sodann Prophezeiungen geknüpft wurden, welche vielleicht anfangs
ebensooft glück- wie unglückverheißend, später aber nur unglückverheißend waren.[1]) So wurden die Kometen Zornboten Gottes,

<hr />

1) Es ist dies ein Fehler, dem man auch heute noch vielfach begegnet. Wenn z. B. nach einer langen Regenzeit zufällig der erste
klare Abend mit dem Eintritt des Vollmondes zusammenfällt, so entsteht
daraus sofort die Ansicht eines kausalen Zusammenhanges beider Er-

die über das arme Menschengeschlecht auf Erden Stürme, Teuerung, Pest, Wassernot, Erdbeben, Fürstentod, daraus entstehende Konflikte und Kriege und noch vieles andere Unheil bringen.

Selbst heute noch, da sich wohl dieser Aberglaube gelegt hat, die Furcht vor den Kometen als Himmelszeichen geschwunden ist, trat an ihre Stelle eine andere, die nämlich, es könnte eine der vielen und wieder zurückkehrenden Kometen einmal mit der Erde zusammenstoßen und so die Schrecken des jüngsten Tages über die Menschheit bringen. Auch dieser Aberglaube scheint nunmehr zu schwinden und der richtigeren Ansicht zu weichen, daß, wenn ein solcher Zusammenstoß je einmal stattfinden sollte, er wohl mehr dem Kometen als der Erde verhängnisvoll würde. Dafür treibt wieder ein neuer Aberglaube gar sonderbare Blüten. Nach diesem ist ein direkter Zusammenstoß des Kopfes eines Kometen mit der Erde wohl wenig wahrscheinlich, um so wahrscheinlicher aber ein Durchgang der Erde durch seinen Schweif. Bedenkt man nun, daß der Schweif aus einem giftigen oder einem leicht explodierbaren Gase bestehen könnte, so genügt dies, um über die Menschen eine neue Todesart zu verhängen und eine derartige Sensationsnachricht dem gläubigen Publikum vorzuenthalten, kann sich doch keine Tageszeitung das Recht nehmen lassen.

13. Alle Zeiten, aus denen überhaupt geschichtliche Nachrichten zu uns gelangt sind, erzählen uns von erschienenen Kometen. Doch sind diese Nachrichten, besonders die aus dem Abendlande stammenden, so wenig genau und astronomisch exakt, daß man oft nicht weiß, ob sie wirklich sich auf einen Kometen beziehen oder nur ein Nordlicht oder ein Meteor betreffen, das am Himmel plötzlich erstrahlte. Ordentliche, wissenschaftlich verwertbare Beobachtungen d. h. Angaben über die Orte, durch welche der Komet am Himmel gezogen ist, finden sich nur selten vor und kommen in früheren Jahrhunderten meist aus dem sonst so viel verspotteten Land der Chinesen. Bei den seltsamen Ansichten über die Erscheinung der Kometen darf uns dies nicht wundernehmen. Für den Astronomen war auch die Deutung dieser Erscheinung und die an sie sich knüpfende Prophezeiung des herannahenden schreckensvollen Ereignisses eine Angelegenheit, die ihm weit mehr Ehre und Ruhm eintrug als eine regelmäßige und dazu noch anstrengende nächtliche Beobachtung.

---

scheinungen, d. h. der Glaube, daß der Mond selbst den Wechsel in der Witterung verursache. Die unzähligen Fälle aber, wo der Wechsel auch ohne den Vollmond stattfand, prägen sich unserem Gedächtnisse nur weniger ein.

Erst das Jahr 1472 brachte hier eine Änderung und das Verdienst sie herbeigeführt zu haben gebührt dem berühmten Wolfgang Müller aus Königsberg bei Würzburg, bekannt unter dem Namen Regiomontan. Er war der erste, der mit diesen astrologischen Anschauungen brach und im Vereine mit seinem Schüler und Freunde, dem Nürnberger Kaufmann und astronomischen Amateur, Bernhard Walther, den in diesem Jahre erschienenen Kometen nach allen Regeln der damaligen astronomischen Kunst beobachtete. Zu einem doppelten Zwecke, zunächst um seine Entfernung von der Erde zu bestimmen und damit die Frage nach dem Ursprung der Kometen zu einem Abschluß zu bringen und dann auch um seine Bahn am Himmel festzustellen. Leider waren die Beobachtungen Regiomontans noch zu wenig genau, um über beide Fragen eine volle Entscheidung zu treffen. Er konnte aus seinen Beobachtungen nur den Schluß ziehen, daß die Parallaxe des Kometen viel kleiner sei, und somit seine Distanz von der Erde viel größer als die des Mondes.

Aber die erste Anregung zu reinen astronomischen Beobachtungen der Kometen war damit gegeben und man begegnet nunmehr nach Regiomontan einer ganz stattlichen Zahl tüchtiger, fleißiger und vorurteilsfreier Kometenbeobachter. Unter ihnen ist besonders Peter Bienewitz (Apianus genannt) zu erwähnen, der merkwürdigerweise als erster die Tatsache feststellte, daß die Schweife der Kometen von der Sonne abgewandt sind. Unter sie ist ferner Tycho Brahe zu zählen, der berühmte Reformator der beobachtenden Astronomie. Glücklicherweise fielen in seine Lebenszeit die Erscheinungen von sieben hellen Kometen, in den Jahren 1577, 1580, 1582, 1585, 1590, 1593 und 1596. Er beobachtete sie alle regelmäßig und sorgfältig und so gelang es ihm aus den Beobachtungen den strengen Nachweis zu erbringen, daß die Kometen eine viel zu geringe Parallaxe haben, als daß sie atmosphärischen Ursprunges sein könnten, daß sie sich vielmehr in Entfernungen von der Erde befinden, die mindestens sechsmal so groß seien wie die Distanz des Mondes, bei einzelnen sogar auch größer seien als die Distanz der Venus von der Erde. Das Ansehen Tychos als beobachtender Astronom war schon damals so groß, die ausgezeichnete Genauigkeit seiner Beobachtungen so bekannt, daß damit der Kampf zwischen den beiden Ansichten über den Ursprung der Kometen zugunsten jener entschieden war, welche sie zu den selbständigen Himmelskörpern zählt.

Auch der Frage nach der Bahn der Kometen am Himmel suchte Tycho näher zu treten, leider mit geringem Glücke. Er findet aus

einer Untersuchung der Beobachtungen der Kometen vom Jahre
1577, daß dieser sich außerhalb der Venusbahn um die Sonne be-
wegte, in einem Kreise, aber mit veränderlicher und in jedem Punkte
der Bahn erst empirisch zu berechnenden Geschwindigkeit, ferner
in einer Richtung, die der Bewegungsrichtung der Planeten entgegengesetzt sei. Ebensowenig wie die Bemühungen Tychos waren
auch die Keplers um die Bestimmung der Bahn der Kometen von
Erfolg gekrönt. Kepler, der glückliche Entdecker der wahren Gesetze
der Bewegung der Planeten, hält die Kometen für vorübergehende
Erscheinungen, die nur kurze Zeit den Menschen sichtbar sind und
dann für immer verschwinden. Ihre Bewegung findet in einer
geraden Linie statt, derart, daß sie aus den unermeßlichen Räumen
des Himmels kommend in gerader Linie an der Sonne vorbeiziehen,
um wieder in den fast unendlichen Fernen des Himmelsraumes in
entgegengesetzter Richtung den Augen der Menschen zu entschwinden. Der gleichen Ansicht ist auch der berühmte astronomische Amateur
und Bürgermeister von Danzig, Johann Hevel (Hevelius genannt).
Erst das Jahr 1680 brachte hier eine Wendung. In diesem Jahre
erschien nämlich ein mächtiger Komet, der lange Zeit hindurch am
Morgenhimmel vor seiner Annäherung an die Sonne und dann fast
ebensolange wieder nach seinem Vorübergange an der Sonne am
Abendhimmel mit einem Schweife von fast 80° Länge leuchtete.
Nach der Keplerschen Lehre schien es, als ob er am Himmel zwei fast
parallele gerade Linien beschrieben hätte, die erste aus der Unendlichkeit zur Sonne hin, die zweite von der Sonne weg in die Unendlichkeit hin. Man hielt in der Tat auch beide Erscheinungen zuerst als
zwei voneinander verschiedene Kometen, die zufällig in zwei fast
parallelen geraden Linien an der Erde vorbeigezogen seien. Da
hatte ein deutscher Astronom, der Pastor Georg Samuel Dörffel,
die glückliche Idee, die beiden Geraden durch einen stetigen Kurven-
zug miteinander zu verbinden und die wahre Bahn der Kometen
war mit einem Schlage da, eine Parabel mit der Sonne als
Brennpunkt.

14. Nun kam das Jahr 1687, das Jahr, in welchem Newton seine
berühmte Entdeckung der allgemeinen Gravitationskraft veröffentlichte und damit der staunenden Welt berichtete, welche Bande die
Planeten in ihrem ewigen Laufe um die Sonne, welche in gleicher
Art die Monde in ihrem unaufhörlichen Laufe um die Planeten
fesseln. Der Erfolg dieser neuen Anschauungsweise auch für die Lehre
von der Bewegung der Kometen blieb nicht aus. Newton stellte sich,

was diese spezielle Gattung von Himmelskörpern anlangt, auf den Standpunkt, daß zwischen ihnen und den Planeten kein anderer wesentlicher Unterschied bestehe als nur der rein formale, daß sich diese um die Sonne in Ellipsen bewegen, die nur sehr kleine Exzentrizitäten haben und fast Kreisen gleichen, jene dagegen in stark exzentrischen Bahnen um die Sonne laufen, so daß ihre Perihele fast stets innerhalb der Erdbahn, die Aphele dagegen recht weit außerhalb der Bahnen der Planeten liegen. Dadurch aber, daß die Sichtbarkeit der Kometen nur von kurzer Dauer sei und sich auf einen kleinen nahe des Perihels durchlaufenen Bogen beschränke, werde die Berechnung des ganzen elliptischen Laufes sehr erschwert, ja fast unmöglich gemacht. In diesem Teile der Bahn unterscheiden sich nämlich, wie dies S. 56 noch näher erklärt wird, Ellipse, Parabel und selbst die Hyperbel nur wenig voneinander. Daher komme es, daß Dörffel für die Bahnen der Kometen Parabeln gefunden habe, und, so sehr auch die Entscheidung darüber, ob ein Komet sich in einer Parabel oder einer Ellipse bewege, wünschenswert sei, weil ja nur die zweite Bewegung ihn zur Sonne wieder zurückführe, ein parabolischer oder hyperbolischer Lauf ihn auf Nimmerwiedersehen in die weiten Räume des Alls entschwinden lasse, müsse man sich mit diesem vorläufigen Ergebnis begnügen.

Newton gab auch eine Methode an, nach der man näherungsweise aus gegebenen Beobachtungen eines Kometen die Elemente seines parabolischen Laufes um die Sonne berechnen könne, und sein Schüler, Edmund Halley, stellte sich die Aufgabe, auf Grundlage dieses Verfahrens, die Elemente aller seit dem 14 Jahrhunderte bekannt gewordenen Kometen, von denen gute Beobachtungen vorlagen, abzuleiten, ihre Bahnen ebenso gründlich zu erforschen, wie Kepler die Bahnen der Planeten aus den Tychonischen Beobachtungen bestimmt hatte. Im Jahre 1705 legte er der Londoner Akademie der Wissenschaften die Resultate seiner weitläufigen Rechnungen vor, die Bahnelemente von 24 Kometen aus den Jahren 1337—1698. Das Verzeichnis dieser Kometen enthielt drei, nämlich die der Jahre 1531, 1607 und 1682, deren Bahnelemente eine sehr große Übereinstimmung untereinander zeigten. Sie hatten fast die gleiche Periheldistanz, zeigten die gleichen Neigungswinkel ihrer Bahnebenen gegen die Ekliptik, die gleiche Lage der Knotenlinie und dieselbe Richtung ihres Perihels. Es hatte so den Anschein, als ob die drei Kometen in gewissen Intervallen in fast identischen Bahnen um die Sonne hintereinander hergelaufen wären. Und als Halley dieses Intervall berechnete und hierfür ebenfalls die nicht sehr voneinander verschiedenen Zahlen:

Zeit des Perihels des 1. Kometen: 1531 August 26
                                          Intervall 76 Jahre 62 Tage,
        2.   : 1607 Oktober 27
                                          Intervall 74   323
      = 3.   : 1682 September 14

fand, wurde es ihm zur Gewißheit, daß die drei Kometen einem einzigen Himmelskörper angehören, der in 74—76 Jahren seinen Umlauf um die Sonne vollende. Eine neue, unter dieser Annahme durchgeführte Berechnung einer elliptischen Bahn bekräftigte diese Ansicht vollends und Halley prophezeite die Wiederkehr des Kometen für das Jahr 1759 mit den Worten: „If it should return, according to our predictions, impartial posterity will not refuse to acknowledge that this was first discovered by an Englishman."

Nur eine Schwierigkeit war noch zu lösen, die Frage nämlich, woher die kleinen Ungleichheiten in der Periode der Rückkehr des Kometen zur Sonne stammen. Auch hier fand Halley das Richtige, nämlich in der Tatsache der Störungen, denen sein Lauf um die Sonne infolge der anziehenden Kräfte der Planeten ausgesetzt sei, und die seine Rückkehr bald beschleunigen, bald verzögern. Zur genauen Angabe der Zeit, wann der Komet in der bevorstehenden Erscheinung zur Sonne zurückkomme, waren daher die recht weitläufigen Störungsrechnungen durchzuführen. Für die Wiederkehr im Jahre 1759 führte der französische Astronom Clairaut die Rechnung durch und setzte die Sonnennähe für den 15. April fest. Am 28. Dezember 1758 wurde der Komet entdeckt und bis zum 22. Juni 1759 von den Astronomen beobachtet. Die wahre Sonnennähe fand jedoch schon am 13. März statt. Der Fehler in ihrer Vorausberechnung betrug einen vollen Monat. Dies darf uns aber nicht wundern. Man kannte damals noch nicht den Planeten Uranus, welcher erst 1781 von Herschel entdeckt wurde, ebensowenig den Planeten Neptun (1846 entdeckt). Damit fehlten also in der Störungsrechnung zwei Planeten. Zudem waren die Methoden der Berechnung der Störungen noch nicht so vollendet, außerdem die Massen der Planeten nicht mit der Genauigkeit bekannt, wie es heute der Fall ist.

Für die nächste Erscheinung des Jahres 1835 führten die Störungsrechnung mehrere Rechner durch und kündigten die Sonnennähe an:

Damoiseau   für den November   4.
Pontécoulant -   -   -   14. ⎫ daher Mittel: Nov. 19.
Lehmann   -   -   26. ⎬
Rosenberger -   -   -   12. ⎭

Der Komet wurde am 5. August entdeckt in der Nähe des vorausberechneten Ortes und nach dem Perihel auf der Südhälfte der Erde
auf der Kapsternwarte bis zum Mai 1836 verfolgt. Das wahre
Perihel fiel auf den 16. November, der Fehler des Vorhersagens
war schon ein bedeutend kleinerer. Für die Wiederkehr im Jahre
1910 berechneten die zwei Greenwicher Astronomen, Cowell und
Crommelin, die Störungen und gaben die Perihelzeit an für den
12. April. Schon am 11. September 1909, noch recht weit von der
Sonnennähe entfernt, wurde der Komet, diesmal auf photographischem
Wege, entdeckt und am 13. September auch mit dem mächtigen Fernrohre der Lycksternwarte gesehen. Der Fehler der Vorausberechnung
war kein großer. Die wahre Perihelzeit fand am 11. April statt.

Indes nicht bloß nach vorwärts für die kommenden Erscheinungen,
auch für die vergangenen zeigte sich das Interesse der Astronomen,
und man ist heute in der Lage, den Kometen, den man seinem ersten
Berechner zu Ehren den Halleyschen Kometen nennt, in fast ununter-
brochener Folge bis in das Jahr 11 v. Chr. Geburt zu verfolgen.

Seitdem wurden viele andere periodische Kometen entdeckt. Einige
unter ihnen wurden schon in mehreren Erscheinungen beobachtet und
sind daher, was ihre Wiederkehr zur Sonne anlangt, als gesichert anzusehen. Von anderen steht sie erst bevor. Von den meisten jedoch
wurde die nächste Rückkehr zur Sonne teils wegen großer Lichtschwäche,
teils wegen ungünstiger Sichtbarkeitsverhältnisse, oder auch wegen
völliger Auflösung des Kometen nicht mehr gesehen. Sie sind als ver-
loren zu betrachten, wenn nicht ein neuer Zufall sie wieder dem Auge
eines Beobachters zeigt. Auch eine Gesetzmäßigkeit in der Verteilung der Kometen wurde bereits entdeckt. Sie bezieht sich auf die
Apheldistanzen derselben. Die Periheldistanzen sind stets gleich oder
nahe gleich 1 und nur eine kleine Anzahl Kometen kennt man, deren
Perihel weit außerhalb der Erdbahn liegt und fast an die Marsbahn
heranreicht. Ordnet man nämlich die Kometen nach ihren Umlaufszeiten, so zeigen sich vier Gruppen, deren mittlere Apheldistanzen
ziemlich genau mit den Distanzen der vier großen Planeten Jupiter,
Saturn, Uranus und Neptun zusammenfallen, und außerdem noch
eine fünfte Gruppe, welche auf die Möglichkeit hinweist, daß jen-
seits des Neptun noch ein großer Planet sich befinde.

4*

Gruppe	Zahl der period. Kometen	davon in mehreren Ersch.beob.	Grenzen der Umlaufszeit	mittlere Aphelbistanz	Planet
—	1	1	3,3 Jahre	4,09	—
I	33	13	5—9 „	5,5	Jupiter 5,2
II	2	1	13—14	10,5	Saturn 9,5
III	2	0	33—40	20,3	Uranus 19,2
IV	6	2	66—80	33,7	Neptun 30,1
V	2	0	120—128	48,5	? 46

Die Umlaufszeiten aller anderen Kometen zählen nach mehr als 200 Jahren, ja bis 1000 und 10 000 von Jahren.

Zu den interessanteren unter den periodischen Kometen gehören:

1. Der Enckesche Komet mit einer Umlaufszeit von 3,3 Jahren. Er wurde im Jahre 1818 von Pons in Marseille entdeckt, seine Periodizität aber von Encke in Berlin erkannt. Seither ist er ausnahmslos bei jeder Wiederkehr zur Sonne aufgefunden und beobachtet worden. Doch zeigte sich aus einer größeren Reihe beobachteter Erscheinungen, daß jeder folgende Umlauf etwa drei Stunden weniger Zeit in Anspruch nehme als der vorhergegangene. Encke schloß daraus auf ein im Weltraum vorhandenes und der Bewegung des Kometen widerstehendes Medium.

2. Der Lexellsche Komet, von dem schon S. 28 die Rede war. Er wurde von Messier im Jahre 1770 entdeckt, seine Periodizität aber von Lexell in Petersburg gefunden, und zwar zu 5,6 Jahren. Da er aber weder 1776 noch 1781 wieder gesehen wurde, so sah sich Laplace veranlaßt, seine Bahn näher zu untersuchen. Er fand, daß der Komet im Jahre 1767 durch eine sehr große Annäherung an den Jupiter aus seiner ursprünglich parabolischen Bahn in die von Lexell berechnete elliptische abgelenkt wurde, diese Bahn zweimal beschrieb, im Jahre 1779 wieder durch eine im entgegengesetzten Sinne wirkende Störung des Jupiter aus ihr herausgezogen wurde. Neuere Rechner wollen ihn mit dem 1895 entdeckten Kometen, der eine Umlaufszeit von 7,2 Jahren hat, identifizieren. Doch sind darüber die Akten noch nicht geschlossen.

3. Der Bielasche Komet; er wurde 1772 entdeckt, dann nochmals 1806. Erst der Prager astronomische Amateur Morstadt wies im Jahre 1825 nach, daß diese zwei Erscheinungen einem Kometen angehören, der nach je 6³/₄ Jahren zur Sonne zurückkehre, während der

Zeit 1772—1806 fünf Umläufe zurückgelegt habe, aber nur in den zwei Erscheinungen gesehen worden sei. Er prophezeite daher seine neuerliche Rückkehr zur Sonne für das Jahr 1826 und verständigte seinen Freund, den Hauptmann Biela in Josefstadt in Böhmen, von seinen Berechnungen und dem ungefähren Ort, welchen der Komet am Himmel danach einnehmen dürfte. Die Berechnungen Morstadts bestätigten sich aufs glänzendste. Biela fand den Kometen in der Nähe des vorausberechneten Ortes. Seitdem wurde der Komet noch im Jahre 1832 nach den neuerlich von Morstadt durchgeführten Vorausberechnungen gesehen, 1839 blieb er wegen ungünstiger Sichtbarkeitsverhältnisse unsichtbar, dagegen wurde er in der Erscheinung 1845 wieder aufgefunden. Da geschah fast vor den Augen der Astronomen, die ihn beobachteten, etwas ganz Unerwartetes. Der Komet teilte sich in zwei Teile; jeder Teil mit besonderem Kopf und besonderem Schweife, doch von ungleicher Größe. Beide Teile bewegten sich hintereinander und entfernten sich bis auf 300 000 km = $^1/_{500}$ der astronomischen Distanzeinheit voneinander. Bei der nächsten Erscheinung im Jahre 1852 vergrößerte sich noch die Entfernung der beiden Teilkometen auf 2 500 000 km = $^1/_{60}$ der astronomischen Einheit. Seitdem wurde der Komet nicht mehr gesehen. Dafür aber stellte er sich in den Jahren 1859, 1872 und 1885 als ein glänzender, feuriger Sternschnuppenregen ein, der sich noch 1892, aber schon etwas schwächer wiederholte, 1898 oder 1899 aber vergebens auf sich warten ließ.

4. Auf eine ebensolche Teilung eines ursprünglich einheitlichen Kometen, die vor Jahren stattgefunden haben mag, weisen die drei Kometen der Jahre 1884, 1892 und 1900 hin. Ihre Umlaufszeiten sind fast gleich, nämlich 6,74, 6,52 und 6,76 Jahre, die Neigungswinkel ihrer Bahnebenen betragen 25°, 31° und 30°. Die Richtungen ihrer Perihele zeigen nach den durch die Grade 19°, 17° und 8° charakterisierten Punkten des Himmels. Sie bewegen sich also hintereinander her in drei fast identischen Ellipsen. Der Komet 1884 ist seitdem noch in zwei Erscheinungen, 1891 und 1898, gesehen worden; 1905 nicht mehr, die zwei anderen wurden überhaupt nicht wieder beobachtet.

5. Fälle derartiger hintereinander in fast gleichen Bahnen sich bewegenden Kometen — man hat für sie die Bezeichnung von Kometenfamilien eingeführt — waren schon vor Entdeckung der drei erwähnten mehrfach bekannt. Beispiele für sie sind unter vielen anderen

a) die parabolischen Kometen: 1843 I, 1880 I, 1882 II und 1887 I;
nur für den großen Kometen des Jahres 1882 wurde eine Umlaufszeit von 772 Jahren berechnet;

b) die zwei hyperbolischen Kometen 1863 I, Perihel am 3. Februar
und 1863 VI, Perihel am 29. Dezember.

15. Seit allen diesen interessanten Entdeckungen auf dem Gebiete
der Kometentheorie begann man systematisch den Himmel nach ihnen
zu durchsuchen und ist so einigermaßen sicher, daß auch jeder für die
optischen Instrumente der Astronomen erreichbare Komet auch wirklich aufgefunden wird, während natürlich in früheren Zeiten eine
solche Entdeckung stets dem bloßen Zufall überlassen war. Die Zahl
der beobachteten Kometen mehrte sich dadurch sehr. Sie beträgt
heute fast an 500 und für jeden finden sich Rechner, die ihre Bahn
mit einer der Zahl der Beobachtungen und der Dauer ihrer Sichtbarkeit entsprechenden Genauigkeit bestimmen.

Eine statistische Untersuchung der so berechneten Bahnelemente
führte auf folgende bemerkenswerte Ergebnisse:

1. Die Zahl der Kometen, deren Bewegung im retrograden
Sinne verläuft, ist fast ebenso groß als die Zahl jener, die rechtläufige
Bahnen um die Sonne beschreiben. Hierin liegt ein wesentlicher
Unterschied zwischen den Kometen und den Planeten, deren Be-
wegung ausschließlich, und den Monden der Planeten, deren Be-
wegung mit wenigen Ausnahmen eine rechtläufige ist.

2. Die Ebenen der Bahnen der Kometen sind nicht auf die Nähe
der Ekliptik beschränkt, sondern es kommen unter den Neigungswinkeln derselben gegen die Ekliptik alle möglichen Werte von 0° bis
90° vor, sogar in ziemlich regelmäßiger Verteilung. Hierdurch ist
ein weiterer Unterschied zwischen ihnen und den Planeten begründet,
deren Bahnebenen zumeist gegen die Ekliptik nur wenig geneigt
sind.

3. Von 300 Kometen aus dem Zeitraume von 1776—1907, deren
Elemente genau berechnet sind und von denen ein Verzeichnis sich
in dem bekannten astronomischen Kalender der Wiener Sternwarte
für das Jahr 1909 vorfindet, erwiesen sich als

kurzperiodisch (Umlaufszeit 3—150　Jahre)		45,
langperiodisch　　　*　150 —150 000　*		68,
parabolisch		162,
hyperbolisch		25.

Beachtet man jedoch, daß viele der hyperboliſchen und auch einige der
elliptiſchen Bahnen mit Umlaufszeiten von mehr als 1000 von Jahren
bloß als Andeutungen aufzufaſſen ſind dafür, daß die Bahnen dieſer
Kometen nicht mehr rein paraboliſch ſind, ſondern von der Parabel
ein klein wenig nach der Seite der Ellipſe oder der Hyperbel abweichen, ſo wird man mit einiger Berechtigung dieſe, und das
ſind etwa die Hälfte der langperiodiſch-elliptiſchen ($^1/_2$ von 68),
und die Hälfte der hyperboliſchen ($^1/_2$ von 25) den paraboliſchen
zuzählen müſſen. Man erhält ſo als Endergebnis über die Verteilung der Kometen, was die Art ihrer Bahnen um die Sonne
anlangt:

elliptiſche　　Bahnen　45 + 34　　　　= 　79 oder 26 %,
paraboliſche　　 ⸱　　162 + 34 + 13 = 209　 ⸱ 　70 %,
hyperboliſche　　　　　　　　　　= 　12　　　　4 %.

Dieſe ſtatiſtiſche Unterſuchung weiſt entſchieden darauf hin,
daß der Urſprung der Kometen doch ein ganz anderer ſein müſſe
als der der Planeten und ihrer Monde, und daß es nicht genüge,
den Gegenſatz zwiſchen ihnen, einzig wie dies Newton tat, durch
die Worte zu kennzeichnen, daß beide ſonſt gleichwertige Himmelskörper ſeien, die ſich nur durch die Größe der Exzentrizität ihrer
elliptiſchen Bahnen voneinander unterſcheiden. Doch ehe die ver-
ſchiedenen Hypotheſen erörtert werden können, die inbetreff des
Urſprungs der Kometen aufgeſtellt wurden, muß zunächſt noch eine
andere Frage vorgenommen werden, die Frage nämlich, unter
welchen ſpeziellen Umſtänden Himmelskörper, die unter der Einwirkung der anziehenden Kraft der Sonne ſtehen, um ſie paraboliſche oder hyperboliſche oder mehr oder weniger exzentriſch-elliptiſche
Bahnen beſchreiben. Man ſieht ein, daß eine ſtrenge Beantwortung
dieſer Frage für jede über den Urſprung der Kometen aufgeſtellte
Hypotheſe von fundamentaler Bedeutung iſt.

Tatſächlich gibt auch die Newtonſche Lehre der allgemeinen
Gravitation klar darüber Auskunft. Sie ſagt, daß der Charakter
der beſchriebenen Bahn einzig und allein bedingt iſt durch das Verhältnis zwiſchen der Geſchwindigkeit, mit welcher der Himmelskörper in den Anziehungsbereich der Sonne gelangte und ſeiner
Entfernung von ihr. Die nebenſtehende Figur möge die hier ob-
waltenden Umſtände veranſchaulichen. In ihr bedeute S die Sonne,
K den Ort eines Himmelskörpers, etwa eines Kometen. Iſt die
Geſchwindigkeit, mit welcher der Komet nach K gekommen iſt, eine

kleine, so wird sich seine Bahn um die Sonne durch die anziehende Kraft derselben rasch krümmen und er wird daher je nach der Größe der Geschwindigkeit im Verhältnisse zur Strecke K S, b. i. seiner Entfernung von der Sonne eine der Ellipsen E$_1$ oder E$_2$ beschreiben, und zwar stets so, daß S in einem Brennpunkte liegt. Ist dagegen

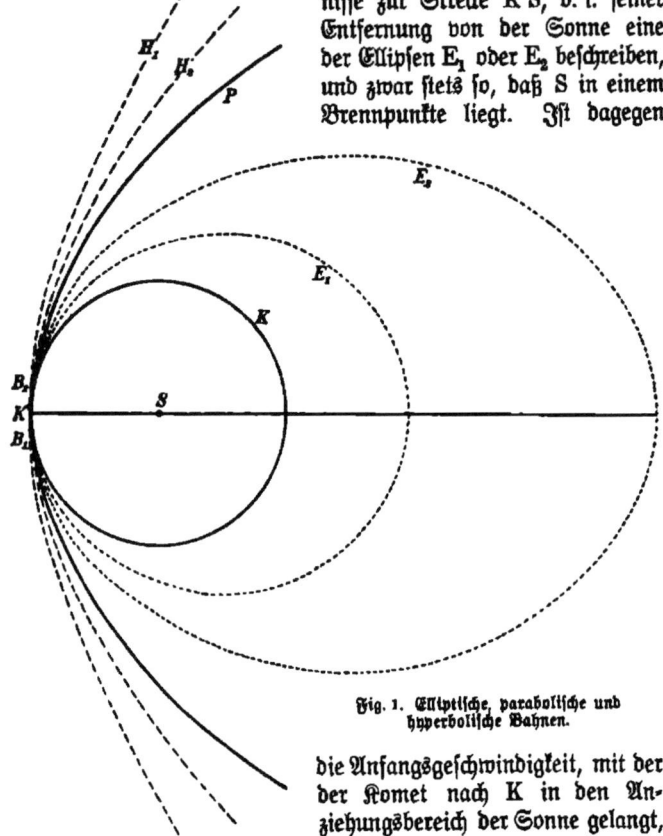

Fig. 1. Elliptische, parabolische und hyperbolische Bahnen.

die Anfangsgeschwindigkeit, mit der der Komet nach K in den Anziehungsbereich der Sonne gelangt, eine größere, so wird die von ihm zurückgelegte Bahn mehr geradlinig verlaufen, sich weniger rasch krümmen und der Komet daher eine der Hyperbeln H$_1$ oder H$_2$, natürlich stets nur einen Ast derselben, beschreiben. Seine Umlaufszeit in der Hyperbel ist unendlich groß, b. h. er kommt aus dem unendlichen Raume, bewegt sich mit großer Geschwindigkeit um die Sonne, wird in ihrer Nähe für kurze Zeit sichtbar und kehrt wieder in den unendlichen Raum zurück.

Doch zwischen diesen unendlich vielen möglichen Geschwindigkeitswerten gibt es zwei ganz bestimmte, für welche die Bahn die Parabel, P, oder der Kreis, K, wird. Nur wenn ein Komet mit dieser ganz bestimmten Geschwindigkeit in die Anziehungssphäre der Sonne gerät, kann er eine Parabel oder eine kreisförmige Bahn um sie beschreiben. Nach den Regeln der Wahrscheinlichkeitsrechnung sollte man daher erwarten, daß, da die Kometen nahezu gleichmäßig den Weltenraum erfüllen, ihre Bahnen mehr elliptischer und hyperbolischer Natur, und diese beiden vielleicht in fast gleicher Anzahl, dagegen in den allerseltensten Fällen kreisförmiger, was auch tatsächlich der Fall ist, aber ebenso auch in den allerseltensten Fällen parabolischer Natur sein müßten. Der Spielraum, welcher der Eintrittsgeschwindigkeit eines Kometen in die Wirkungssphäre der Sonne belassen ist, um eine Ellipse oder eine Hyperbel um sie zurückzulegen, ist ja ein unendlich viel größerer als jener, für den eine parabolische oder eine kreisförmige Bahn auftritt.

Ein ganz eigentümliches, man kann sagen paradoxes Resultat, zu dem die Newtonsche Lehre im Gegensatze zu den statistischen Untersuchungen über die Bahnen der Kometen führte. Ihm entsprechend entstanden auch seit Newton zwei wesentlich voneinander verschiedene Ansichten über deren Ursprung.

Nach der ersten (Kant, Faye in Paris) sind die Kometen planetarischen Ursprungs, d. h. sie sind wie die Planeten ständige Glieder unseres Sonnensystems. Sie bewegen sich in ihm in elliptischen Bahnen und vorzugsweise in Ellipsen mit größerer Exzentrizität. Daß für sie trotzdem so zahlreiche parabolische Bahnen bestimmt wurden, ist nach dieser Ansicht nur ein scheinbar richtiges Resultat, das als eine Folge von mehreren auf die Genauigkeit der Rechnung ungünstig einwirkenden Umständen anzusehen ist. Der erste ist die Ungenauigkeit der Beobachtungen selbst, die ihren Grund hat in dem verwaschenen und verschwommenen Aussehen der Kometen im Fernrohr, das ein sorgfältiges Pointieren und Fixieren ihres Ortes am Himmel außerordentlich erschwert. Der zweite ist die kurze Dauer ihrer Sichtbarkeit und damit in Verbindung die geringe Länge des von ihnen in dieser Zeit zurückgelegten Weges. In der Tat, wenn man die umstehende Figur nochmals in Betracht zieht und nun annimmt, daß ein Komet während der Dauer seiner Sichtbarkeit den Bogen $B_1 B_2$ zurückgelegt habe, so kann man ihn fast mit gleichem Grade der

Annäherung der Parabel P, wie der Ellipse E_2, ja der Hyperbel H_1 zuweisen. Man erkennt leicht, daß da eine strenge Bahnbestimmung nahezu unmöglich ist und so häufig eine geschlossene Bahn durch eine offene ersetzt wird. Und eben einer solchen Verwechselung eines elliptischen Laufes durch einen parabolischen verdanken alle parabolischen Bahnen ihre Entstehung. Bei einem Planeten ist die Sachlage eine wesentlich andere. Man beobachtet einen solchen nicht nur, wenn er in K sich befand und den Bogen $B_1 B_2$ durchlief, sondern auch in anderen Stellungen zur Sonne, fixiert da seine Position am Himmel und kann so aus vielen Teilen seines Laufes um die Sonne mit größerer Genauigkeit seine elliptische Bahn berechnen.

Nach der zweiten Anschauung, als deren Hauptvertreter Laplace und Herschel gelten können, sind die Kometen wieder stellaren Ursprungs. Damit meint man, daß sie aus dem unendlichen Weltenraum kommen, in ihrer recht unregelmäßigen Bewegung in die Anziehungssphäre der Sonne geraten, um sie eine kurze Bahn beschreiben, während welcher Zeit sie sichtbar werden, und von da wieder in den unendlichen Weltenraum zurückkehren. Sie sind gewissermaßen für unser Sonnensystem das, was die kurz aufleuchtenden Meteore oder die so anmutig am nächtlichen Sternenhimmel dahinschießenden Sternschnuppen für die Erde sind: Gäste, die uns Erdenbewohner nur für kurze Zeit besuchen, durch ihren Anblick erfreuen, bald wieder und wohl für immer verschwinden. Einige wenige unter ihnen können durch die Wirkung der Planeten eine kleine Störung erleiden, die, wenn sich durch eine solche ihre Geschwindigkeit nur um ein weniges verkleinert, schon imstande ist, ihre hyperbolische oder parabolische Bahn in eine elliptische umzugestalten. Diese Kometen werden für unser Sonnensystem eingefangen, ihm sodann dauernd angehören, doch nur so lange, als nicht durch eine neue, im entgegengesetzten Sinne wirkende Störung wieder das Umgekehrte eintritt, nämlich die Verwandlung der elliptischen in eine parabolische Bewegung. Sehr viel Verführerisches hat diese zweite Theorie über den Ursprung der Kometen für sich. Zunächst spricht für sie die S. 52 erwähnte Verteilung der periodischen Kometen und die merkwürdige Beziehung ihrer Apheldistanzen zu den Distanzen der großen Planeten, eine Beziehung, aus der man direkt folgern kann, durch welchen unter den großen Planeten die Umwandlung der vielleicht ursprünglich hyperbolischen oder parabolischen Bahn des betreffenden Kometen in die entsprechende elliptische erfolgte, und man es anderseits auch begreift, daß Jupiter als der größte der Planeten 33 Kometen für das Sonnensystem eingefangen hat, während die Zahl der von den anderen eingefangenen Kometen eine bedeutend kleinere ist. Sie erklärt ferner, da ja die Kometen aus den verschiedensten Gegenden des Weltalls kommen können, die große Verschiedenheit in den Bahnneigungen gegen die Elliptik. Sie erklärt ebenso und aus gleichen Gründen ihre bald recht- bald rückläufige Bewegung um die Sonne. Gegen sie aber spricht die Tatsache, daß sich unter den berechneten Kometenbahnen so wenig rein hyperbolische, vielmehr in überwiegender Zahl parabolische vorfinden.

Man versuchte es daher, unter gewissen einfachen und plausiblen Annahmen die Frage nach der Zahl der elliptischen und hyperbolischen Kometen auf Grundlage der Wahrscheinlichkeitsrechnung genauer zu beantworten, um die so gefundenen Zahlen mit den aus den statistischen Untersuchungen sich ergebenden zu vergleichen. Um aber die Rechnung überhaupt durchführen zu können, mußte man gewisse Annahmen machen. Die erste war die, daß die Kometenmaterie ziemlich gleichmäßig den ganzen Weltenraum erfülle. Eine zweite Annahme sucht für die Geschwindigkeit, mit der die Kometen in den Bereich der Sonnenanziehung geraten, Grenzwerte festzustellen. Sie setzt als solche die aus neueren Berechnungen schon besser bekannten Eigenbewegungen der Fixsterne im Vergleiche zur Eigenbewegung der Sonne an. Eine dritte Annahme endlich sucht über die Sichtbarkeitsverhältnisse der Kometen schlüssig zu werden. Es leuchtet ein, daß nicht alle Kometen, die überhaupt aus dem interstellaren Raum in den Bereich der Sonne gelangen, auch uns sichtbar werden müssen.

Das Ergebnis dieser von Laplace begonnenen Wahrscheinlichkeitsbetrachtung ist für die Theorie, zwar nicht mit aller Entschiedenheit, aber doch im allgemeinen als ein ungünstiges zu bezeichnen. Es zeigt sich wohl, daß die Zahl der hyperbolischen Kometen bedeutend größer sein müßte, als sie es nach den statistischen Untersuchungen wirklich ist, doch würde diese Zahl hauptsächlich von den Grenzen abhängen, die man für die Anfangsgeschwindigkeit der Kometen und für ihre Sichtbarkeitsverhältnisse ansetzt. Je nachdem man diese Grenzen enger oder weiter zieht, weichen die gefundenen Zahlen sehr voneinander ab und können daher als nicht völlig zuungunsten, aber auch nicht zugunsten der Theorie entscheidend angesehen werden.

16. Inzwischen wurden jedoch diese speziellen Wahrscheinlichkeitsbetrachtungen über den Ursprung der Kometen durch eine neue

interessante Entdeckung verdrängt, die nämlich, daß die Erscheinungen der Kometen mit denen der Sternschnuppen und Meteore ein zusammengehöriges Gebiet bilden, die unter einem gemeinsamen Gesichtspunkte aufzufassen sind und für die eine einheitliche Theorie ihres Entstehens und Vergehens aufzustellen sei. Jeder, der nur einmal seinen Blick gegen den nächtlichen sternbesäeten Himmel richtete, natürlich nicht in den beengenden Mauern der Stadt, in denen die helle Straßenbeleuchtung sein Auge blendet, wird schon eine Sternschnuppe gesehen haben: einen ziemlich hell leuchtenden Strahl, der von einem Punkt des Himmels zu einem anderen dahinschießt und dann wieder erlischt, so als ob er die Atmosphäre der Erde durchkreuzen würde. Ein anmutiges Schauspiel, dessen sich die Volksmythe bemächtigte und es in verschiedenem Sinne deutete, worauf die Bezeichnungen Sternschnuppen, Sternschneuzen, Himmelstränen hinweisen. Hier und da leuchten diese in besonderem Glanze auf, so daß sie selbst am Tage gesehen werden und gegen den hellsten Sonnenschein nicht verbleichen. Man sieht sie dann, einen nachleuchtenden Schweif hinterlassend, den Himmel durcheilen, an einer bestimmten Stelle desselben unter lebhaftem Funkensprühen zerplatzen und mit heftigem Getöse gegen den Erdboden fallen, wo sie als steinige oder metallische Massen, die bekannten Meteorsteine, auch tatsächlich schon aufgefunden wurden. Ein aufmerksamer Beobachter wird diese Sternschnuppen in jeder sternenhellen Nacht in verschiedenen Teilen des Himmels und auch in nicht geringer Zahl wahrnehmen. Manche Nächte im Jahre sind aber besonders durch außerordentlich zahlreiche Sternschnuppenfälle ausgezeichnet, welche aber dann sich nicht gleichmäßig über den ganzen Himmel verteilen, sondern vorzugsweise in gewissen Gegenden desselben auftreten und ihrer Bewegungsrichtung nach, wenn man ihre Bahn nach rückwärts verlängert, auf einen gemeinschaftlichen Ausgangs- oder Strahlungspunkt hinweisen. Solche Nächte sind die vom 9. bis 12. August, deren Sternschnuppen im Volksmunde als die feurigen Tränen des heiligen Laurentius bekannt sind. Sie scheinen alle aus dem Sternbild des Perseus zu kommen und heißen die Perseïden. Andere durch reichere Sternschnuppenfälle ausgezeichnete Nächte sind die vom 12.—13. November, dann vom 25.—28. November. Die ersteren Fälle sind die Leoniden, die zweiten die Andromediden, da ihre Radiationspunkte im Sternbilde des Löwen und der Andromeda liegen. Weiter sind noch zu erwähnen die Lyriden (18. bis 20. April), die Orioniden (16.—24. April)

Aber auch diese Sternschnuppenregen erscheinen nicht immer gleich zahlreich. In manchen Jahren und, wie nachgewiesen wurde, fast nach regelmäßig wiederkehrenden Zeiträumen treten sie in besonderer Häufigkeit und in besonderem Glanze auf. Am Himmel entfaltet sich dann ein Feuerwerk von kaum zu beschreibender Pracht. Jeder Teil des Himmels wimmelt in jedem Augenblicke von Feuerkugeln und Sternschnuppen, die dicht hintereinander daherfliegen und breite leuchtende Spuren hinterlassen. Ein solches Schauspiel beobachtete Humboldt in den Anden in Südamerika am 12. Dezember des Jahres 1799. Es wiederholte sich an dem gleichen Tage des Jahres 1833, dann am 14. Dezember 1866, blieb aber wiederum am 13. oder 14. Dezember 1899 aus. Die Pracht des Schauspieles ließ vermuten, daß sich auch in älteren Chroniken und astronomischen Aufzeichnungen Berichte darüber vorfinden dürften. Tatsächlich gelang es so dem amerikanischen Astronomen H. A. Newton in New-Haven, diese Erscheinung bis tief in das chinesische Altertum zu verfolgen. Zu den fast ganz gesicherten gehören außer den erwähnten die folgenden:

934 n. Chr. Geb. beobachtet in China,
1002 = = = China,
1101 = = Frankreich,
1202 = = Kairo in Ägypten,
1366 = = Prag,
1533 = = China,
1698 = = Zürich.

Eine ähnliche periodische Wiederkehr mit einer Periode von 13 Jahren zeigen die Ende November auftretenden Andromebiden. Zuerst wurden sie zu vielen Tausenden im Jahre 1859 beobachtet, dann 1872, auch noch 1885, blieben aber 1898 und auch 1899 aus.

In früheren Jahren hielt man die Sternschnuppen ganz so wie die Kometen für atmosphärische Gebilde, als mit den Irrlichtern verwandte Erscheinungen, die daher ebensowenig wie die Wolken am Himmel astronomischerseits Beachtung verdienen. Erst seitdem die beiden deutschen Physiker Brandes und Benzenberg durch zahlreiche Beobachtungen nachwiesen, daß die Höhe, in der die Sternschnuppen erstrahlen, durchschnittlich etwa 100 km betrage, doch auch bis auf 1000 km ansteigen könne, daß ferner ihre Geschwindigkeit beim Eintritte in die irdische Atmosphäre einer kosmischen Geschwindigkeit gleichkomme und im Durchschnitt größer sei als die der Erde in ihrer Bahn um die Sonne (30 km in der Sekunde), war ihre kosmische Natur erkannt. Die Methode, die die beiden noch als Studenten der Universität in Göttingen im Jahre 1798 benutzten, war jene, die die Astronomen überhaupt zur Bestimmung der Distanz eines Himmelskörpers von der Erde verwerten, nämlich die der korrespondierenden Beobachtungen aus zwei verschiedenen Orten auf der Erde. Der eine beobachtete in Klausberg, der andere in Ellershausen bei Göttingen, beide derart, daß sie die Spur einer jeden in Sicht kommenden Sternschnuppe möglichst dem Gedächtnis einprägten, sie sodann in eine Sternkarte einzeichneten und aus diesen Eintragungen die Koordinaten der Anfangs- und Endpunkte ihrer Bahnen ableiteten.

Bald fanden sich nach diesen wohl wenig genauen, aber dafür grundlegenden Untersuchungen andere Arbeiter, welche diesem neuen, fast nur vom Zufall abhängigen und daher scheinbar gesetzlos verlaufenden Erscheinungsgebiete besondere Aufmerksamkeit schenkten. So zeigte sich aus andauernden und sorgfältigen Zählungen der einzelnen am Himmel sichtbaren Sternschnuppen, daß sie nicht zu allen Nachtstunden gleich häufig sind, sondern nach Mitternacht viel öfter auftreten als vor Mitternacht, ebenso daß sie in den Herbstnächten zahlreicher sind als im Frühling. Doch das bedeutsamste Ergebnis fand sich, als man daran ging, nicht nur die Bahnen der sporadisch erscheinenden Sternschnuppen als vielmehr die der Sternschnuppenschwärme aus gleichen korrespondierenden Beobachtungen zu berechnen, in der merkwürdigen Tatsache, daß diese Bahnen mit denen von Kometen zusammenfallen, und es so den Anschein gewann, als ob beide Kometen einerseits und Meteorschwärme anderseits auf identischen Straßen im Himmelsraume dahinwandeln. Schiaparelli in Mailand gelang so als erstem im Jahre 1866 der Nachweis der Identität der Bahn des Perseidenschwarmes mit dem des 3. Kometen des Jahres 1862 und der Bahn der Leoniden mit dem Kometen des Jahres 1866. Neuere fortgesetzte Untersuchungen zeigten, daß fast allen Meteorströmen Kometen zugewiesen werden können. Die Lyriden entsprechen dem Kometen 1862, die Andromediden dem Bielaschen Kometen, der, wie hier zur Unterstützung dieser Anschauung von der Zusammengehörigkeit der Kometen mit den Meteorschwärmen erwähnt zu werden verdient, nach seiner Teilung im Jahre 1846, nach seiner Erscheinung als Doppelkomet im Jahre 1852 und, nachdem er 1859 nicht wieder aufgefunden wurde, erst zu den Sternschnuppenfällen der Jahre 1872, 1885 und auch noch 1892 Veranlassung gab, während es vorher fast gar keine gab. Aus einem Beobachtungsmaterial, das den Zeitraum von 1849—1870 umfaßt, konnte man nur acht Sternschnuppen herausfinden, deren Bahnen halbwegs denen der Andromebiden ähnlich schienen.

17. Diese merkwürdigen Tatsachen und Ergebnisse lassen sich nun am einfachsten durch die folgende Theorie erklären. Zerstreut über den ganzen Raum, den das Sonnensystem einnimmt, finden sich in zahlloser Menge kleine oder größere Körperchen vor, vom Gewichte von einigen Gramm bis zu vielen Tausenden von Kilogramm, die wir, weil sie an sich dunkel sind und, wenn sie auch von der Sonne beleuchtet werden, wegen ihrer Kleinheit nicht wahrnehmen. Infolge der Anziehung der Sonne bewegen sich diese Massen, für die man die Bezeichnung kosmischer Staub einführte, in regelmäßigen Bahnen um die Sonne, teilweise einzeln und unabhängig voneinander, teilweise ziehen sie scharenweise in fast parallelen Linien hintereinander her. Auf diesem Laufe um die Sonne begegnen sie der Erde, dringen in ihre Atmosphäre ein, erhitzen sich sehr bedeutend infolge des großen Luftwiderstandes und des enormen damit verbundenen Geschwindigkeitsverlustes, werden leuchtend und erscheinen uns als Sternschnuppen. Viele verbrennen dabei vollständig und fallen als Meteorsteine zur Erde. Andere und wahrscheinlich der weitaus größte Teil unter ihnen durchkreuzen bloß die Atmosphäre und setzen ihre Bewegung nachher weiter fort. Die einzeln dahineilenden Massen erscheinen uns als die sporadischen Sternschnuppen, die in mehr oder weniger dichten Scharen sich bewegenden dagegen als die in einzelnen Nächten des Jahres besonders auftauchenden Meteorschwärme mit einem gemeinsamen Radiationspunkt. Kreuzt nämlich die Bahn der Erde die Bahn eines solchen Schwarmes, so trifft diese an dem Tage, an dem sie durch den Kreuzungspunkt geht, auf eine Anzahl von in ihm zerstreut befindlichen Körperchen, die dann als Sternschnuppenregen in größerem oder kleinerem Reichtum sichtbar werden.

Für die Tatsache, daß die Abendstunden an Sternschnuppen ärmer sind als die frühen Morgenstunden, gab Schiaparelli die folgende Erklärung. Man stelle sich die Erde vor als eine frei schwebende, im Raume in einer bestimmten Bahn dahineilende Kugel, welche durch die von allen Seiten, scheinbar ganz gesetzlos auf sie einstürmenden Meteore gleichsam einem heftigen, aber ganz unschädlichen Bombardement ausgesetzt ist. Jene Erdhälfte, welche auf der Seite gelegen ist, nach der sich die Erde hin bewegt, wird von bei weitem mehr Meteoren getroffen als die entgegengesetzte, weil sie diesen entgegenzueilen scheint, während die andere durch die Erde beschattet wird. Diese sollte daher überhaupt keine Sternschnuppenerscheinung aufweisen. Weil aber die Geschwindigkeit der Meteore größer ist als die der Erde in ihrem Laufe um die Sonne, so bringen auch in sie einige, wenn auch natürlich in viel geringerer Zahl ein. Die erstere Seite ist aber die Morgen- und die zweite die Abendseite der Erde. So erklärt sich also die Anhäufung der Sternschnuppen gegen die Morgen- und ihre Abnahme gegen die Abendstunden aus der Bewegung der Erde um die Sonne. Ja noch mehr. Aus dem Zahlenverhältnis ihrer Häufigkeit am Morgen und am Abend läßt sich ihre durchschnittliche Geschwindigkeit im Vergleiche zur Bahngeschwindigkeit der Erde bestimmen. Und der so gefundene Wert steht mit den aus korrespondierenden Beobachtungen von Sternschnuppen direkt ermittelten in recht guter Übereinstimmung.

In gleicher Weise fand Schiaparelli dafür, welches Bewandnis es mit dem gemeinschaftlichen Radiationspunkte der in einzelnen Nächten sichtbaren Schwärme von Sternschnuppen habe, eine einfache und genügende Erklärung: hier wieder in der Perspektive der Erscheinung. So wie die gleichlaufenden Baumreihen einer langen Allee in größerer Entfernung in einem Punkt zusammenzustoßen scheinen, so konvergieren auch die parallelen Bahnen der einzelnen Körper in den Meteorschwärmen, von der Erde aus betrachtet, perspektivisch in einen Punkt, der dann als ihr gemeinschaftlicher Strahlungspunkt auftritt.

Die gleiche Struktur und Zusammensetzung wie den Meteorschwärmen muß man auch den Kometen zuschreiben. So wie jene sind auch diese nichts anderes als ein loses Gemenge von kleineren oder größeren Körpern, das etwa nach einem Punkte hin eine kleine, uns als Kern des Kometen sichtbare Verdichtung zeigt und nur in der hellen Beleuchtung durch die Sonne den Eindruck eines einheitlichen Körpers hervorruft. Diese Anschauung erklärt in zutreffender Weise die Mannigfaltigkeit der Bahnen der Kometen, sowohl was die Richtung ihrer Bewegung im Raume, ob im recht- oder rückläufigen Sinne, als auch was die Neigungswinkel ihrer Bahnen gegen die Ekliptik anlangt. Nimmt man doch auch schon eine gleiche Regellosigkeit der Bewegungen für die Meteore selbst an. Sie bestätigt ferner eine des öfteren gemachte Wahrnehmung, daß das Licht von Fixsternen beim Durchgange durch einen Kometen, selbst durch seinen dichtesten Kopf, in seiner Helligkeit weder geschwächt, noch in seiner Richtung abgelenkt wird. Der Lichtstrahl kann ja durch die

Zwischenräume zwischen den einzelnen, nur in der Ferne zu einer hellen Fläche zusammenfließenden Massenteilchen ungestört hindurchgehen. Sie erklärt schließlich die allmähliche Auflösung der Kometen durch die Unterschiede in der Größe der anziehenden Kraft, welche die Sonne und auch die großen Planeten auf die ihnen näheren oder von ihnen entfernteren und nur lose miteinander zusammenhängenden Teile des Kometen ausübt und sie dadurch noch mehr voneinander entfernt und zerstreut. Hierbei können einzelne Verdichtungen und Ansammlungen noch bestehen bleiben und so kommt es, daß oft zwei oder mehrere Kometen fast in einer und derselben Bahnstraße in kürzeren oder längeren Intervallen hintereinanderher wandern. Sie läßt nur die eine Frage offen, ob die Kometen die primären Himmelskörper seien, die sich langsam aber kontinuierlich in Meteorschwärme auflösen, wie dies das Beispiel des Bielaschen Kometen zeigt, oder aber die Meteorschwärme die ursprünglichen Körper bilden, deren besonders dichte Anhäufungen an manchen Stellen uns als Kometen erscheinen. Doch dürfte eine Beantwortung dieser Frage zunächst für die Theorie selbst von geringerer Bedeutung sein. Fügt man zu der Annahme, daß der Raum, den das Sonnensystem einnimmt, mit zahllosen Scharen kleiner Massenteile erfüllt ist, noch die hinzu, daß diese Staubmassen auch die unserem Sonnensystem benachbarten Teile der Raumes, ja vielleicht das ganze unendliche Weltall erfüllen, so wird man sich der Ansicht nicht verschließen können, daß solche Massen hie und da ebenfalls aus dem Fixsternraume in den Bereich der Sonnenanziehung geraten und uns das Schauspiel eines hellglänzenden Meteors oder eines Kometen bieten. Beide Anschauungen über den Ursprung der Kometen scheinen daher gleich viel Wahrscheinlichkeit für sich in Anspruch zu nehmen und wie so oft dürfte auch hier die Wahrheit in der Mitte liegen, darin, daß viele Kometen stellaren, andere nur planetarischen Ursprunges sind. Die dann aufzuwerfende Frage, welche von den bisher beobachteten und daher bekannten Kometen zur ersten, welche zur zweiten Gruppe zu zählen sind, ist, so interessant es wäre sie zu beantworten, noch nicht lösbar, das Geheimnis, das über diesen seltsamen Himmelskörpern schwebt, daher noch nicht ganz enthüllt.

18. Dem gleichen Geheimnis stehen wir gegenüber, wenn wir die Frage nach der Entstehung des mächtigen Schweifes stellen, den manche Kometen während ihrer Sichtbarkeit am Himmel zeigen und dem Wesen der Kräfte, die dabei wirksam sind. Fast unendlich mannigfaltig sind die Formen dieser Schweife. Der eine Komet

zeigte einen langen, schmalen, fast geradlinigen Schweif, ein anderer einen breiten, hellglänzenden und stark gekrümmten, ein dritter zeigte zwei Schweife. Ja mancher Komet besaß mehr als zwei, so der große Komet von 1744 deren sogar acht. So wie die Form, so ist auch die Struktur der Schweife bei den verschiedenen Kometen sehr verschieden. Bei dem einen erschien er wellenförmig gekräuselt, bei dem anderen geschichtet. Bei den mehrfachen Schweifen zeigten sich die einzelnen Zweige oft am Kopfe des Kometen gekreuzt und die Kreuzungspunkte bewegten sich von diesem weg gegen das Ende des Schweifes hin, wo sie verschwanden, um sogleich am Kerne von neuem zu erscheinen. Ein solcher Komet, wie der des Jahres 1866, hatte dann fast an jedem Abend ein anderes Aussehen. Ebenso veränderlich ist die Länge der Schweife. Bei dem großen Kometen des Jahres 1811 betrug sie 110 Millionen Kilometer, bei dem des Jahres 1843 250 Millionen. Man kann aus diesen Angaben ersehen, welche ungeheuren Räume mit der Schweifmaterie angefüllt sind und wenn man bedenkt, daß die Schweife sich erst dann bilden, wenn der Komet in die Sonnennähe kommt, und ihre Entfaltung oft nur die Arbeit weniger Stunden ist, so überkommt uns eine Ahnung von der Größe und Intensität der Kräfte, die bei diesen Vorgängen eine Rolle spielen.

Trotz der vielen Kometen, die im Altertum wie im Mittelalter sichtbar gewesen, machte doch als erster der Ingolstädter Professor Peter Bienewitz, Apianus genannt, 1531 die Entdeckung, daß die Kometenschweife von der Sonne abgewendet sind. Dann kam der Landgraf Wilhelm IV. von Hessen, vor seinem Regierungsantritt 1567 ein eifriger astronomischer Beobachter, der diese Entdeckung dahin ergänzte, daß die Schweifrichtung nicht ganz genau entgegengesetzt sei der Richtung zur Sonne, sondern von ihr ein wenig nach der Seite hin abgelenkt erscheine, von welcher der Komet kommt. Der Schweif bleibe also in der Bewegung, die er gemeinsam mit dem Kometen um die Sonne ausführe, ein wenig zurück. Tycho Brahe bestimmte bei den vielen während seiner Lebenszeit sichtbaren Kometen die Größe dieser Ablenkung und fand, daß sie bei den verschiedenen Kometen sehr verschieden sei.

Erst im Jahre 1660 trat ein Wendepunkt ein. In diesem machte nämlich Hooke, der, wie es den Anschein hat, der erste war, der einen Kometen mit einem besseren Fernrohre zu betrachten in der glücklichen Lage war, eine eigentümliche Wahrnehmung. Er fand, daß leuchtende Materie aus dem Kopfe des Kometen ausströme, sich zu-

nächſt zur Sonne hin bewege, bis ſie eine gewiſſe Entfernung von
ihr erreiche, dann umbiege und ſich in ununterbrochenem Strome
von ihr wegwende. Dieſe Beobachtung machte es erſt klar, wie eigentlich die Entwicklung eines Kometenſchweifes vor ſich gehe, und Hoofe
erkannte auch die Wichtigkeit ſeiner Entdeckung für dieſe Frage.
Spätere Aſtronomen beobachteten ſolche Ausſtrömungen an den
Köpfen der Kometen vielfach, ſo Heinſius am Kometen des Jahres
1744, Olbers an dem des Jahres 1811 und Beſſel an dem Halleyſchen Kometen in der Erſcheinung des Jahres 1835. Dieſe Entdeckung
führte die Aſtronomen auf den richtigen Weg, den jeder Verſuch
einer Erklärung über die Bildung der Schweife betreten muß. Er
hat auseinanderzuſetzen, wodurch die Ausſtrömungen der leuchtenden
Teile des Kometen verurſacht werden und dann, welche Kräfte dieſe
anfänglich zur Sonne gerichteten Ausſtrömungen von ihr wieder
wegwenden. Die erſte Frage nach dem Urſprung der Ausſtrömungen
iſt leicht zu beantworten. Man braucht nur an die rieſige Temperaturerhöhung zu denken, die die Kometen erfahren, wenn ſie aus
den entlegenſten Regionen des Sonnenſyſtems in die Nähe der
Sonne kommen, und wird es begreifen, wenn innerhalb des Kometen-
kernes auf der der Sonne zugekehrten Seite Umwälzungen und Veränderungen, namentlich Verdampfungsprozeſſe und exploſionsartige
Gasausbrüche in einem Maßſtabe ſtattfinden, der genügt, um ſelbſt
die ungeheuerſten Maſſenausſtrömungen zu erklären. Die Kometen
mit den glänzendſten und größten Schweifen ſind auch meiſt jene,
die ſich in äußerſt exzentriſchen, wenn nicht gar in paraboliſchen
Bahnen um die Sonne bewegen, deren Periheldiſtanz ſehr klein,
die Aphelditanz dafür recht groß iſt. So iſt für den Halleyſchen
Kometen die erſte 0,586, die zweite 35,390, d. h. der Komet iſt im
Aphel $35,390 : 0,586 = 60$ mal ſo weit von der Sonne entfernt
als im Perihel, daher iſt die direkte Wärmewirkung der Sonne auf
ihn im Perihel $60^2 = 3600$ mal größer als im Aphel. Der große
Septemberkomet des Jahres 1882 beſchrieb um die Sonne eine
Ellipſe mit einer Umlaufszeit von 772 Jahren, ſeine Perihelditanz
war 0,00775, die Aphelditanz 1864 aſtronomiſche Einheiten. Die
Sonneneinwirkung war daher im Perihel $(1864 : 0,00775)^2 = 24\,000^2$
$= 576\,000\,000$ mal größer als im Aphel.

Anders ſteht es mit der zweiten Frage, der nach den Kräften,
welche das Umbiegen und Abſtrömen der ſich vom Kerne loslöſenden
Maſſenteilchen vom Kometen weg bewirken. Für dieſe hat erſt
Beſſel, angeregt durch Beobachtungen ſolcher Lichtausſtrahlungen

beim Halleyschen Kometen im Jahre 1835 eine befriedigende Theorie aufgestellt. Sie besteht im wesentlichen in der Annahme, daß auf die den Kometen zusammensetzende Materie neben der gewöhnlichen Anziehung, welche die Sonne auf sie ausübt und ihre Bewegung im Raume regelt, noch eine ebenfalls von der Sonne ausgehende Abstoßungskraft einwirke und eine Bewegung in einer zu ihr entgegengesetzten Richtung hervorrufe. Die Entstehung eines Kometenschweifes hat man sich danach so vorzustellen. Bei der Annäherung des Kometen an die Sonne und der dadurch hervorgerufenen Temperaturerhöhung verdampfen einzelne Teile, namentlich an der der Sonne zugekehrten Seite, lösen sich vom Kerne los und strömen zunächst mit großer Geschwindigkeit der Sonne zu, aber nur eine kurze Strecke. Durch die abstoßende Kraft der Sonne zurückgeschleudert biegen sie um, fließen dann vom Kometen weg und verlieren sich in der Form eines langen Schweifes in dem weiten Himmelsraum. Bessel zeigt, wie man aus der Größe der Hülle, die den Kern des Kometen umgibt oder was damit identisch ist, aus der Länge der Strecke, die die ausströmenden Massen gegen die Sonne hin zurücklegen, bis sie der von dieser ausgeübten Abstoßungskraft nicht mehr widerstehen können, die Anfangsgeschwindigkeit der Ausstrahlung und aus der Ablenkung der Schweifachse von der Richtung zur Sonne die Größe dieser Abstoßungskraft berechnen könne.

Durch diese mathematisch wie physikalisch gleich interessanten Untersuchungen Bessels war der Anstoß zu weiteren Forschungen gegeben. Namentlich der russische Astronom Bredichin bewährte sich als ein würdiger Nachfolger Bessels. Mehr als 50 Kometen älterer und neuerer Erscheinung vom Jahre 1472 bis 1901, bei denen sich eine Schweifentwicklung zeigte und Beobachtungen in dieser Richtung vorlagen, bildeten das Material, an dem Bredichin die Besselsche Kometentheorie weiter auszubilden verstand. Keine der verschiedenen Formen, die die Kometenschweife zeigen, keines der charakteristischen Kennzeichen, die den Schweif eines Kometen von dem eines anderen unterscheiden, entging seiner Aufmerksamkeit. Es gelang ihm, ihre ganze bunte Mannigfaltigkeit mit der gewünschten Genauigkeit zu verfolgen und sie der Besselschen Theorie zu unterordnen.

Das Hauptergebnis dieser ausgedehnten Rechnungen war eine neue schöne Entdeckung, die nämlich, daß sich die Kometenschweife in drei Gruppen sondern, welche sich voneinander durch die Größe

der Repulsivkraft der Sonne und die Größe der Ausströmungs=
geschwindigkeit unterscheiden. Die größte Geschwindigkeit der Aus=
strahlungen im Betrage von 5000—10 000 m in der Sekunde komme
den Schweifen des I. Typus zu, eine kleinere von 1000—2000 m
denen des II. und die kleinste von 500 m denen des III. Typus.
Mit der größten Geschwindigkeit der Ausströmungen ist auch die
größte Abstoßungskraft verbunden, etwa 18 mal so groß als die An=
ziehung der Sonne, die die Bewegung des ganzen Kometen um sie
bedingt. Dies bewirkt, daß die Schweife des I. Typus die kleinste
Krümmung zeigen. Die leuchtende Materie fließt in ihnen fast
geradlinig aus dem Kometen ab und erzeugt einen langen, schmalen,
meist scharf begrenzten Schweif. Die durch ihren Glanz und ihre
Größe besonders auffallenden Schweife gehören dem II. Typus
an, für welche die Repulsivkraft der Sonne etwa 2—$\frac{1}{2}$ mal so groß
ist als die Sonnengravitation. Die Schweife des III. Typus, die
durch eine Abstoßung gleich $\frac{1}{2}$ der Sonnenanziehung entstehen,
sind kurz und verschwommen. Besitzt ein Komet mehrere Schweife,
so gehören sie verschiedenen Typen an. Oft zeigt ein Komet auch
einen zur Sonne gerichteten Schweif. Wie Bredichin meint, be=
steht ein solcher aus bei der Ausströmung mitgerissenen schwereren
Massenteilchen, gegen welche die Repulsivkraft der Sonne nicht viel
ausrichten kann. Man nennt solche Schweife, die meist kurz und wenig
hell sind, anomal.

19. Durch diese Untersuchungen schien das Rätsel der Kometen=
schweife gelöst. Es genügte, um in ungezwungener Weise die Gesamt=
heit aller Besonderheiten zu erklären, die sich an ihnen zeigen, die
Annahme, daß die Sonne auf die Kometenmaterie eine abstoßende
Kraft ausübe. Bessel selbst meint, daß, wenn zwischen Kometen
und Planeten ein Unterschied bestehe, er nur darin zu suchen sei,
daß bei diesen nur die Gravitationskraft der Sonne, bei jenen außer=
dem noch eine Abstoßungskraft derselben maßgebend sei.

Bessel sowohl wie Bredichin begnügten sich mit der Konstatie=
rung der Tatsache, daß eine solche Abstoßungskraft mit dem Sitze
in der Sonne vorhanden ist. So wie die Newtonsche Gravitations=
lehre, sagt Bredichin, die Natur der unbekannten allgemeinen
Gravitationskraft beiseite läßt und sich nur bemüht, aus ihr die
Bewegung der Himmelskörper in allen ihren Einzelheiten zu kon=
struieren, ebenso läßt die mechanische Theorie der Kometenformen
die Frage nach der Natur der Sonnenabstoßung offen und stellt
sich nur die Aufgabe, die Bewegung der den Schweif bildenden

Teilchen zu untersuchen. Andere Physiker und Astronomen versuchten es jedoch, auch der Frage nach dem Wesen und dem Ursprung dieser geheimnisvollen Kraft näherzutreten.

Der erste und einfachste Gedanke schien der zu sein, sie auf elektrische Kräfte zurückzuführen und damit anzunehmen, daß die Sonne und der Komet gleichnamige elektrische Ladungen besitzen, die sich abstoßen. Es ist jedoch klar, daß durch diese Annahme die Frage nicht gelöst, sondern nur verschoben ist. An ihre Stelle tritt nämlich die neue, nach dem Ursprung der elektrischen Ladungen auf beiden, eine Frage, die mindestens ebenso unlösbar zu sein scheint wie die nach den durch sie verursachten Abstoßungen. In den letzten Jahren (1900) stellte der schwedische Physiker Arrhenius eine neue Theorie dieser rätselhaften Sonnenabstoßung auf. Er verwertet für sie die modernen Anschauungen über den Zusammenhang zwischen Licht und Elektrizität und die aus ihnen folgende Tatsache des Lichtdruckes, den jede von einem leuchtenden Körper ausgehende Lichtwelle auf jeden absorbierenden oder reflektierenden Körper, auf den sie auffällt, in der Richtung der Fortpflanzung ausübt, und da er nur auf der beleuchteten Seite des Körpers vorhanden ist, wie eine abstoßende Kraft wirkt, die in dem leuchtenden Körper ihren Sitz hat. Dieser Lichtdruck ist wohl sehr klein. Er beträgt, wenn man die Sonne als leuchtenden Körper annimmt, etwa $\frac{1}{2}$ mg auf eine Druckfläche von 1 qm Querschnitt. Gleichwohl ist es schon gelungen, ihn auch experimentell nachzuweisen, so daß an seiner Existenz nicht gezweifelt werden kann. Es blieb nur die Frage zu prüfen übrig, inwieweit der Lichtdruck der Sonne imstande ist, ihre Gravitationswirkung zu überwinden, so daß er, wie es die Schweife vom I. Typus verlangen, diese 18 mal an Intensität übertrifft.

Offenbar hängt das Größenverhältnis beider Kräfte von der Größe und Dichte der Moleküle ab. Absolute Größe derselben ist für beide günstig, aber mehr für die Sonnenanziehung, die dem Volumen und der Dichte der angezogenen Teilchen proportional ist, als für den Strahlungsdruck, der auf die Oberfläche wirkt. Die Größe der Massenteilchen begünstigt daher die Anziehung, umgekehrt wird daher deren Kleinheit den Lichtdruck vergrößern, so daß dieser im Verhältnis zur Gravitationskraft der Sonne immer größer und größer wird, je mehr die Teilchen an Größe abnehmen. Endlich wird ein Grad der Kleinheit erreicht sein, bei dem die Abstoßung durch den Lichtdruck der Anziehung durch die Sonne gerade das Gleichgewicht hält. Ein derart kleines Teilchen wird im Raume überall in Ruhe sein, denn die Sonne übt auf dasselbe keinen Einfluß aus. Wird das Teilchen nun noch kleiner, dann wird die Abstoßung überwiegen über die Anziehung, aber nicht im beliebigen Maße, sondern, wenn das Teilchen einen Umfang besitzt, der von der Größenordnung der Wellenlänge des Lichtes ist, etwa 0,0005 mm, dann kann es geschehen, daß die Lichtwelle um das Teilchen herumschlägt, ihr Druck nicht mehr von der beleuchteten Seite allein, sondern teilweise auch von der beschatteten einwirkt und die resultierende Abstoßung daher wieder abnimmt. Wie Schwarzschild in Göttingen nachwies, der die hier auftretenden Verhältnisse einer strengen mathematischen Untersuchung unterzog, ist ein ganz bestimmtes Maximum der Abstoßung im Vergleiche zur Sonnenanziehung vorhanden, das bei einer bestimmten Größe der Teilchen eintritt und etwa den Betrag von 20 erreicht, wie viel mal in diesem Falle die Abstoßung durch den Strahlungsdruck größer ist als die Gravitation der Sonne. Da nun die Erklärung der Kometenschweife vom I. Typus nur eine 18 mal größere Abstoßungskraft verlangt, so sieht man, daß die Arrheniussche Annahme des Lichtdrucks gerade dazu hinreicht. Man hat sich bloß vorzustellen, daß das aus dem Kerne kommende Material verschiedenerlei Art sei, sei es in der Dichte oder in der Größe seiner Teilchen, um die Trennung in zwei oder mehrere Schweife ganz naturgemäß zu finden.

Damit ist die Theorie der Kometenschweife auf die breite Basis einer experimentell wohlbegründeten Tatsache gestellt und zwei phantasievolle Experimentatoren, Nitchols und Hull, kamen auf den kühnen Gedanken, durch Herstellung von Versuchsbedingungen, die man an Kometen in ihrem Laufe um die Sonne anzunehmen gesonnen ist, auch Erscheinungen hervorzurufen, die den Kometenschweifen gleichen. Das Experiment war das folgende. Sie verschafften sich zunächst durch Ausbrennen des Fruchtkörpers eines Pilzes aus der Gattung der Lykoperdon Staubteilchen, deren Größe sie auf 0,002 mm im Durchmesser schätzten. Diese vermengten sie mit feinstem Schmirgelsand und gaben sodann beides in ein mit größter Sorgfalt luftleer gepumptes Glasgefäß, das die Form einer Sanduhr hatte. Stellten sie das Gefäß vertikal auf, so ergoß sich ungehindert ein Strom von Staub und Sand aus dem oberen in den unteren Teil und fiel vertikal zu Boden. Richteten sie aber gleichzeitig ein Bündel von Strahlen einer elektrischen Bogenlampe von möglichst großer Intensität und außerdem noch konzentriert durch eine Sammellinse auf den Strom fallender Teilchen, so folgte nur der schwere Schmirgel-

fand unbehindert der Einwirkung der Schwere und fiel vertikal zu
Boden, die leichteren und kleineren Pilzsporen aber wurden unter
dem Einfluß des Lichtdruckes von der vertikalen Fallrichtung ab-
gelenkt. Die gemessene Größe der Ablenkung entsprach in ziemlicher
Übereinstimmung der aus dem Verhältnisse des Lichtdruckes zur
Schwere vorausberechneten.

Hiermit ist wohl zum ersten Male eine Erscheinung in einem
physikalischen Kabinet nachgemacht, die sonst am Himmel ebensosehr durch ihre Seltenheit wie durch ihre Seltsamkeit das Staunen
der Menschen erregte. Doch fragt es sich immer noch, inwieweit
die bei dem Experimente angewendeten Bedingungen den bei der
Bildung der Kometenschweife wirkenden als analog angesehen werden
können. Erst die Folge der Zeit dürfte hier eine Entscheidung bringen.

IV. Das Problem der Gestalt der Himmelskörper.

20. Die erste Anregung zu theoretischen Untersuchungen über
die Gestalt der Himmelskörper, einschließlich die der Erde, gab Newton in seinem grundlegenden Werke, Principia mathematica philo-
sophiae naturalis, London 1687. Es scheint, wenn auch Newton
dies nirgends direkt ausspricht, daß die Tatsache, daß die beiden
größten Planeten des Sonnensystems, Jupiter und Saturn, im
Fernrohre schon bei mäßiger Vergrößerung nicht als kreisförmige,
sondern als elliptische Scheiben mit deutlich sichtbarer Abplattung
erscheinen, ihn zu dem Analogieschluß führte, daß auch die Erde nicht
eine Kugel, sondern an den Polen abgeplattet sei, d. h. die Form
eines Rotationsellipsoides habe. Die durch die Pole gehende Achse
sei der kleinste Durchmesser, jeder andere Durchmesser sei größer
und die in der Äquatorebene liegenden seien die größten und alle
untereinander gleich. Oder auch jeder durch die Pole der Erde
gehende Schnitt, Meridianschnitt genannt, habe die Form einer
Ellipse, jeder parallel zum Äquator gelegte dagegen sei ein Kreis und
der Äquator selbst der größte unter ihnen. Natürlich muß man, um
überhaupt mit dem Ausdruck Gestalt der Erde, einen bestimmten
Begriff verbinden zu können, von Bergen und Ländern auf ihr ab-
sehen, für ihre rauhe Oberfläche eine glatte setzen, die von Wasser
bedeckt sein möge, ohne daß es strömt. Nur für diese Oberfläche,
deren Anblick man erhält, wenn man sich eine Zeitlang in eine sehr
große Entfernung von ihr versetzen würde, kann man eine bestimmte

Figur feststellen. Will man dann Berge und Täler außerdem kennen lernen, so muß man sie an Ort und Stelle aufsuchen.

Es lag für Newton der Gedanke nahe, diese eigentümliche Gestalt der Erde dem Zusammenwirken der zwei bedeutendsten auf ihrer Oberfläche wirkenden Kräfte zuzuschreiben. Von der ersten, nämlich der Schwere, sprach schon Aristoteles, wenn seiner Ansicht nach der Zug alles Schweren auf der Erde ihr Zusammenballen zu einer Kugel bedinge. Doch das Gesetz der Wirkungsweise dieser Kraft stellte erst Newton in allgemeinster Weise fest in dem Grundsatze, daß sie die Resultierende der unendlich vielen Kräfte sei, welche die Teilchen der Erde wechselseitig aufeinander ausüben. Die zweite Kraft ist die durch die Drehung der Erde um ihre Achse entstehende Flieh- oder Schwungkraft. Es ist dies genau dieselbe Kraft, die man fühlt, wenn man einen schweren Körper an einem Faden befestigt und ihn schnell im Kreise herumdreht. So wie man den Faden festhalten muß, damit der Körper nicht weggeschleudert werde, so hat jeder Körper auf der Erdoberfläche das Bestreben, diese zu verlassen, wenn er nicht durch die viel stärkere Anziehungskraft der Erde zurückgehalten würde. Das Gesetz und die Wirkungsweise dieser Kraft war einige Jahre vorher von Huygens in seinem horologium oscillatorium, Leyden 1673, bekannt gemacht worden.

So entstand und wurde zum ersten Male ein Problem formuliert, das seitdem bis zum heutigen Tage in intensiver Weise die Mathematiker beschäftigte, eine strenge Lösung aber bis heute noch nicht gefunden hat. Das Problem lautet: Welche Form nimmt im Falle des Gleichgewichtes eine Flüssigkeitsmasse an, oder, wie weiterhin der Kürze halber gesagt werden soll, welches ist die Gleichgewichtsfigur einer Flüssigkeitsmasse, von der folgende Annahmen gemacht werden,

1. daß sie frei im Weltenraume schwebe;
2. daß ihre Teilchen gegenseitig aufeinander anziehende Kräfte ausüben und
3. daß die ganze flüssige Masse wie ein starrer Körper um eine im Raume feste Achse mit konstanter Geschwindigkeit rotiere.

Die theoretische Bedeutung der Lösung dieses Problems ist eine mannigfache. In ihr liegt vor allem die Beantwortung der Frage nach der Gestalt der Erde und der Planeten, d. i. der Frage nach dem Gesetze, nach welchem deren Abplattungen von der Schwere und der Fliehkraft abhängen. In ihr ist ferner die Bestimmung der speziellen Gestalten begründet, die dem Erdmonde und den Satelliten der anderen Planeten zukommen. Durch sie ist man in das Geheimnis

eingedrungen, daß das Entstehen des den Saturn frei umschweben-
den Ringes umgibt. In ihr sind endlich die Keime zu einer mathematischen Behandlung der Kant-Laplaceschen oder jeder kosmogonischen Hypothese enthalten, die die Aufgabe zu lösen hat, alle
möglichen Formen aufzuzählen, welche eine rotierende Flüssigkeitsmasse bei langsamer Abkühlung und der dadurch kontinuierlich an-
steigenden Rotationsgeschwindigkeit durchmachen kann.

21. Die Lösung, welche Newton von dem von ihm angeregten
Probleme gibt, ist nur eine genäherte. Ohne nämlich den Beweis
dafür zu erbringen, daß ein abgeplattetes Rotationsellipsoid eine
mögliche Gleichgewichtsfigur einer rotierenden Flüssigkeitsmasse ist,
nimmt er diese Form für die Erde wie für die Planeten als gegeben
an und sucht aus dem Verhältnisse der Schwere zur Fliehkraft die
Größe der Abplattung zu berechnen. Da er über die Beschaffenheit
des Inneren der Erde nichts weiß, gründet er seine Rechnung auf
die Annahme, daß die Masse der Erde gleichförmig verteilt oder, wie
man in Kürze sagt, homogen ist.

Für die Größe des Verhältnisses der Fliehkraft zur Schwere,
beide gemessen für einen Punkt des Äquators, nimmt Newton
die Zahl

$$\varphi = 1 : 288$$

an. Genau die gleiche Zahl folgt selbst aus neueren Messungsergeb-
nissen, nämlich:

Äquatorradius der Erde nach Bessel .	= 6377397 m,
Rotationszeit der Erde.	= 23^h 56^m 4^s,
Bahngeschwindigkeit eines Punktes des Äquators	= 465,05 m/sec

Beschl. der Fliehkraft (berechnet nach der Formel $\frac{v^2}{r}$) = 0,0339117 m/sec^2

Beschleunigung der Schwere am Äquator nach
Helmert . = 9,7890 m/sec^2

und daraus das Verhältnis beider

$$\varphi = 1 : 288,397.$$

Als Gleichgewichtsbedingung benutzt Newton ein Prinzip, das
seitdem von allen älteren Mathematikern verwendet wurde. Es
lautet: Man denke sich durch die Erde zwei Kanäle gezogen, den einen
vom Pol bis zum Erdmittelpunkte, den anderen von da bis zu einem
beliebigen Punkte des Äquators. Beide Kanäle seien mit Wasser ge-
füllt. Im Falle des Gleichgewichtes müssen die Wassermassen in

ihnen gleich schwer sein, d. h. von der Erde gleiche Anziehung erfahren. Würde die Erde nicht rotieren, so könnte dies nur dann eintreten, wenn beide Kanäle gleiche Länge haben. Die Erde müßte eine Kugel sein. Da aber die Erde rotiert, und die aus dieser Rotation entstehende Fliehkraft am Äquator am größten ist, während sie an den Polen verschwindet, so wird dadurch die Wassermasse des Äquatorkanales um den 288. Teil leichter erscheinen als die im Polkanal enthaltene. Daher muß, um das Gleichgewicht herzustellen, die Differenz in dem Gewichte der beiden Kanäle auszugleichen, die Länge des Äquatorkanales größer sein als die des Polkanals.

Man würde jedoch fehlgehen, daraus auch schon den Schluß zu ziehen, daß die Längen der Kanäle sich wie 289 : 288 verhalten, oder daß der Äquatorradius der Erde um den 288. Teil größer sein müsse als deren Polradius. Dieser Schluß wäre nur dann richtig, wenn die Erde eine Kugel wäre. Es gilt aber der Satz, daß die anziehende Kraft, die ein beliebiger Körper auf einen außerhalb seiner Oberfläche gelegenen Punkt ausübt, nicht nur von seiner Masse und von der Entfernung seines Schwerpunktes vom angezogenen Punkte abhängig, sondern auch die Form des Körpers für die Größe der Anziehung maßgebend sei. Ein Rotationsellipsoid zum Beispiel und eine Kugel, hätten beide auch gleiche Masse und wären ihre Mittelpunkte vom angezogenen Punkte gleich weit entfernt, üben auf diesen Punkt doch verschiedene Kräfte aus. Newton mußte erst den Unterschied dieser Kräfte feststellen. Eine Aufgabe, die eine ziemlich schwierige Integration involviert und die seit Newton die Mathematiker aufs lebhafteste beschäftigte. Er beweist, daß, wenn die anziehende Kraft des Ellipsoids auf einen Punkt des Äquators der Einheit gleichgenommen wird, die auf den Pol wirkende Kraft um den 5. Teil der Abplattung größer ist. Da nun, schließt er weiter, die Menge des Wassers im Äquatorkanal um einen der ganzen Abplattung gleichen Bruchteil größer ist als die im Polkanal, so bleibt für die Änderung durch die Fliehkraft die Differenz, d. i. $^4/_5$ der Abplattung übrig. Es muß daher, die Abplattung $= \alpha$ gesetzt,

$$\varphi = {}^4/_5\,\alpha \text{ oder } \alpha = {}^5/_4\,\varphi$$

sein. Und diese Gleichung gibt das Newtonsche Hauptresultat an. Sie sagt: Wenn eine homogene Flüssigkeitsmasse, die mit konstanter Geschwindigkeit um eine feste Achse rotiert, als Gleichgewichtsfigur die Form eines Rotationsellipsoides annimmt, so ist die Abplattung

$$\alpha = \frac{5}{4} \cdot \frac{\text{Fliehkraft am Äquator}}{\text{Schwere am Äquator}}.$$

Für die Erde würde daraus folgen:

$$\alpha = \frac{5}{4} \cdot \frac{1}{288} = \frac{1}{230}.$$

Indes konnte Newton damals die Richtigkeit seiner Rechnung in keiner Weise bestätigen. Es lagen noch viel zu wenig Gradmessungen auf der Erde vor, um aus ihnen ihre Abplattung bestimmen zu können. Newton gab erst durch seine Theorie den Anlaß dazu, solche Messungen in ausgedehntem Maße auf der Erdoberfläche auszuführen. Er suchte daher, auf einem anderen Wege eine Bestätigung zu erlangen und fand sie, wenn auch nur genähert, in der Berechnung der Abplattung des Planeten Jupiter. Indem er annimmt

Rot.-Zeit des Jupiter = $9^h 56^m$ oder 2,41mal kleiner als die der Erde,
Dichte des Jupiter   = $4\frac{1}{4}$ mal kleiner als die der Erde,

berechnet er die Abplattung des Jupiter zu $(2,41)^2$ und $4\frac{1}{4}$ mal größer als die der Erde,

$$\frac{(2,41)^2 \times 4\frac{1}{4}}{230} = \frac{1}{9 \cdot 3},$$

während die damaligen Beobachtungen für sie Werte ergaben, die zwischen $\frac{1}{11}$ und $\frac{1}{12}$ variieren und, wie man sieht, mit dem theoretischen Ergebnisse Newtons in ziemlich guter Übereinstimmung stehen.

Außer der Abplattung zeigt sich die Wirkung der Fliehkraft auf der Erde noch in einer Änderung der Schwere oder da von dieser die Länge eines Sekundenpendels abhängt, in einer Änderung dieser Pendellänge. Hier konnte Newton bereits an bekannte Tatsachen anknüpfen. Richer hatte im Jahre 1672 gefunden, daß er sein von Paris mitgenommenes Sekundenpendel um $1\frac{1}{4}$ Pariser Linien = 3 mm in Cayenne verkürzen mußte, daß es da ebenfalls ein Sekundenpendel sei. Ebenso hatte Halley im Jahre 1677 sein von London nach der Insel St. Helena mitgebrachtes Pendel um $1\frac{1}{3}$ engl. Linien = 3,5 mm verkürzen müssen. Newton zeigt, daß die Notwendigkeit dieser Verkürzungen zum allerkleinsten Teile der Wirkung der höheren Tagestemperaturen in Cayenne und auf St. Helena gegenüber denen in Paris und London zuzuschreiben sei, sondern einzig von der Änderung der Schwere infolge der Fliehkraft herrühre. Doch die Aufgabe zu lösen, wie aus diesen Änderungen der Schwere die Abplattung der Erde berechnet werden könnte, gelingt ihm noch nicht.

Die gleichen Tatsachen, namentlich die Änderungen der Schwere auf der Erde regten auch Huygens zu seinen Untersuchungen über die Gestalt der Erde an. Seine Behandlung des Problems unterscheidet sich wesentlich von der Newtons. Namentlich leugnet er die Newtonsche Anschauung, daß die Schwere aus den unendlich vielen Anziehungen von Molekül zu Molekül eines Körpers resultiere. Er nimmt vielmehr an, daß sie eine konstante Kraft sei, die im Mittelpunkte der Erde ihren Sitz habe und der am Äquator die Fliehkraft entgegenwirke und sie um den 288. Teil ihrer Intensität schwäche. Als Gleichgewichtsbedingung stellt er das folgende Prinzip auf: Die Oberfläche der Erde steht in allen ihren Teilen auf der Resultierenden zwischen der konstanten Schwere und der Fliehkraft senkrecht. Denn wenn dies nicht der Fall wäre, so könnte das auf der Erdoberfläche befindliche Wasser nicht in Ruhe kommen, da es als Flüssigkeit selbst dem allerkleinsten nicht senkrecht auf seine Oberfläche wirkenden Drucke nachgibt. Der aus dieser Bedingung folgende Wert der Abplattung ist

$$\alpha = \tfrac{1}{2}\varphi \text{ für die Erde } \alpha = \frac{1}{576}.$$

Der französische Mathematiker und Astronom Clairaut machte im Jahre 1783 zuerst darauf aufmerksam, daß man der Huygenschen Auffassung von der Schwere die folgende physikalische Deutung geben könne. Man nehme an, daß die Erde keine homogene Flüssigkeit sei, sondern daß ihre Dichte von der Oberfläche zum Mittelpunkte hin zunehme, doch so, daß sie in diesem einen unendlich großen Wert habe. Dann wird auch nach der Newtonschen Ansicht, da die Anziehungskraft des Mittelpunktes die aller anderen Moleküle bedeutend überwiegt, es so ausschauen, als ob einzig dieser Punkt als Sitz der Anziehung vorhanden sei. Die zwei theoretisch gefundenen Werte der Abplattung können daher als Grenzwerte aufgefaßt werden, von denen der erste Newtonsche ($\alpha_1 = \tfrac{5}{4}\,\varphi$) dem Falle entspricht, daß die Erde durchwegs von gleicher Dichte, der zweite Huygensche ($\alpha_2 = \tfrac{1}{2}\,\varphi$) wieder dem, daß ihre ganze Masse im Erdmittelpunkte konzentriert ist. Der wahre Wert der Abplattung muß daher für alle Planeten, sofern sie nur ellipsoidischer Form sind, zwischen diesen beiden Grenzen liegen. Die folgende Tafel mag ein Bild davon geben, inwieweit dieses Ergebnis der Wahrheit entspricht. Sie gibt für die größeren Planeten des Sonnensystems und auch für die Sonne alle Zahlenangaben, aus denen man die Größe φ, und dann $\alpha_1 = \tfrac{5}{4}\,\varphi$ und $\alpha_2 = \tfrac{1}{2}\,\varphi$ berechnen kann, sowie endlich die Abplattung α, wo sie direkt gemessen werden konnte.

	Rotations-dauer	Dichte im Verh. zu Wasser	φ	α_1 Newton	α_2 Huygens	α beob-achtet	Kleinst-mögliche Rot.-Dauer
Merkur .	24ʰ ?	5,65	1:341	1:275	1:682	?	2ʰ 24ᵐ
Venus . .	24 ?	5,41	1:232	1:178	1:444	?	2 28
Erde . .	23 56ᵐ	5,56	1:288	1:230	1:576	1:299	2 25
Mars . .	24 37	3,99	1:217	1:174	1:435	1:230	2 52
Jupiter .	9 55	1,31	1: 12	1: 10	1: 24	1: 15	5 0
Saturn .	10 29	0,72	1: 6	1: 5	1: 12	1: 10	6 45
Uranus .	?	0,80	—	—	—	1: 15	6 40
Neptun .	?	1,17	—	—	—	—	5 17
Sonne . .	25 4	1,42	1:46700	1:37500	1:93400	?	4 58

Es zeigt sich tatsächlich, daß bei den Planeten, deren Abplattungen bisher teils zu messen, teils wie beim Mars aus den Störungen, die sie auf ihre Monde ausüben, zu berechnen, gelungen ist, diese stets zwischen den beiden Grenzwerten α_1 und α_2 liegt. Doch ist der gemessene Wert bei den Planeten Erde und Mars näher dem Newtonschen, beim Saturn näher dem Huygensschen. Daraus läßt sich der folgende interessante Schluß auf die Massenverteilung innerhalb der genannten Planeten ziehen: für die Erde und den Mars ist die Zunahme der Dichte von der Oberfläche gegen den Mittelpunkt hin nur eine geringe; die Massenverteilung in deren Innerem kann noch halbwegs als eine homogene angesehen werden. Die beobachteten Abplattungen schließen sich daher mehr dem Newtonschen Werte an. Wesentlich anders steht es mit dem Saturn. Bei diesem dürfte die Dichte im Mittelpunkte bedeutend die an der Oberfläche übersteigen. Daher liegt seine Abplattung näher dem Huygensschen Werte. Der Planet Jupiter hält zwischen beiden die Mitte.

22. Die Untersuchungen Newtons und die Ergänzungen derselben durch Clairaut vervollständigte endlich der berühmte Laplace durch folgende interessante Bemerkung. Er wies nach, daß eigentlich einem kleinen Werte der Größe φ d. i. des Verhältnisses zwischen Fliehkraft und Schwere zwei Werte von Abplattungen und daher zweierlei Gleichgewichtsfiguren angehören, eine Figur mit einer dem kleinen Werte von φ ebenfalls entsprechend kleinen Abplattung, für welche der Newtonsche Näherungswert gilt, und die zweite mit einer sehr großen Abplattung. Nach dieser würde der rotierende

Körper einer Scheibe gleichen mit sehr großem Äquator- und sehr
kleinem Polarradius: eine Form, die weder für die Erde noch für
die anderen Planeten weiter in Betracht kommt. Dieser doppelte
Wert der Abplattung ergebe sich aber nur für kleine Werte von φ.
Wächst diese Größe an, und dies tritt ein, wenn die Rotationsgeschwindigkeit des Planeten zu-, seine Rotationsdauer daher abnimmt, so
kommt man endlich auf einen Grenzwert, über den hinaus eine
ellipsoidische Gleichgewichtsfigur nicht mehr möglich ist. Für die
Erde beträgt diese kleinste Rotationsdauer 2^h 25^m, für alle anderen
Planeten läßt sie sich aus dem Verhältnisse ihrer Dichte zu der der
Erde berechnen. Die entsprechenden Zahlenwerte sind in der um-
stehenden Tafel in der letzten Kolonne angegeben. Auch aus ihnen
folgt, daß die beiden Planeten Jupiter und Saturn eine exzeptio-
nelle Stellung einnehmen gegenüber Mars und der Erde. Ihre
wahre Rotationsdauer ist nur etwa doppelt so groß als die kleinste,
bei der sie noch als ellipsoidische Figuren möglich wären, während
die der letzteren fast 10—11 mal so groß ist. Mars und Erde zeigen
also, was die Schwere auf ihrer Oberfläche und die Fliehkraft anlangt, gewisse Ähnlichkeiten miteinander. Sie zeigen, wie man
außerdem noch weiß, eine gleiche Ähnlichkeit hinsichtlich der Atmosphäre, die sie einhüllt. Es ist niemandem zu verargen, wenn er diese
Analogien weiter ausbeutend auf den Gedanken kommt, daß es auf
dem Mars ebenso lebende Wesen gibt wie auf der Erde. Astronomisch
jedoch läßt sich derzeit nichts darüber feststellen. Jupiter und Saturn
dagegen sind der Erde sehr unähnlich durch die Materie, aus der sie
bestehen, ebenso wie durch die Raschheit ihrer Rotation. Für Merkur
und Venus läßt sich nichts aussagen.

Indessen waren diese speziellen Untersuchungen von Laplace
sowie die seiner Vorgänger nur unter der Beschränkung erlangt,
daß die Erde und die anderen Planeten eine homogene Massenverteilung besitzen, eine Annahme, die, wie schon Newton bemerkte,
keineswegs der Wahrheit entspricht. Denn, meint er, wenn zwischen
dem aus der Theorie berechneten Werte der Abplattung des Planeten
Jupiter und dem tatsächlichen aus vielen Beobachtungen abgeleiteten ein wenn auch kleiner Unterschied bestehe, so sei dies dem Umstande zuzuschreiben, daß dessen Dichte nicht als konstant angesehen
werden könne. Eine Vervollständigung der mit so großen und über-
raschenden Erfolgen begonnenen Arbeiten über die Gestalt der
Planeten erschien sehr wünschenswert. Ihr erstes Ergebnis war
die interessante Deutung, die Clairaut der Huygensschen Bestimmung

der Abplattung der Erde in dem schon oben angeführten Sinne gab. Doch bald mochte man sich mit den zwei Grenzwerten, zwischen denen der wahre Wert der Abplattung liegen müsse, nicht begnügen, sondern man stellte sich die Aufgabe, neben der Theorie der Gleichgewichtsfiguren für homogene Flüssigkeitsmassen auch eine solche für heterogene zu begründen, und zwar unter verschiedenen Annahmen über die Lagerung der Massen im Inneren der Planeten. Unter den Händen Clairauts wie Laplaces erlangten diese Untersuchungen eine besondere Bedeutung in ihrer Anwendung auf die Theorie der Erde, nicht nur daß man durch sie zu einer schärferen theoretischen Bestimmung ihrer Abplattung zu gelangen hoffte, sondern mehr noch, daß durch sie eine kritische Prüfung verschiedener über die Konstitution der Erde aufgestellter Hypothesen möglich schien. Auf Grundlage der Annahmen, daß die Erde aus unendlich vielen Schichten bestehe, die alle eine gemeinschaftliche Rotationsachse haben, deren Dichte von Schichte zu Schichte variiere, zunehmend von der Oberfläche gegen die Mitte zu, glückte es beiden, das Problem zu einem gewissen Abschluß zu bringen. Sie stellten eine Gleichung auf, welche eine Beziehung liefert einerseits zwischen den Abplattungen der einzelnen Schichten und natürlich auch der äußersten Oberflächenschicht und anderseits dem Gesetze, nach welchem die Dichte der Schichten gegen den Mittelpunkt hin anwachse. Da aber dieses Gesetz nicht bekannt ist, so ist man wieder, was die Auflösung und Diskussion dieser Gleichung anlangt, auf das Aufstellen von Hypothesen angewiesen. Zwei von ihnen, die bekanntesten und mit den Beobachtungstatsachen am besten in Übereinstimmung stehenden, seien hier erwähnt.

Die erste von Legendre herrührende setzt eine regelmäßige Lagerung der Massen im Innern der Erde voraus und kommt zu dem Ergebnisse, daß, wenn man ihre mittlere Dichte zu 5,5—5,6, die mittlere Dichte der Oberflächenschichte zu 2,6—2,8 annimmt, daraus für die Abplattung der Wert $\frac{1}{296} - \frac{1}{299}$ und endlich noch für die Dichte der innersten Schichten also im Mittelpunkte der Erde 10—11 folgt. Danach hätte man sich die Erde als ein Rotationsellipsoid vorzustellen, dessen Massendichte nach dem Innern zu von 2,6 bis etwa 11 stetig zunimmt, während die mittlere Dichte 5,5 ist, dessen Abplattung ferner ebenso von Schichte zu Schichte anwächst und an der Oberfläche etwa $\frac{1}{297}$ beträgt. Nach der zweiten erst in jüngster Zeit, 1897, von Wichert in Göttingen adoptierten Anschauung ist die Massenlagerung im Inneren der Erde keine regelmäßige, sondern sie setzt sich aus zwei wesentlich voneinander verschiedenen Schichten zusammen, einem Eisenkerne von etwa 5000 km Radius und der mittleren Dichte 7,5—8 und einem ihn umhüllenden Gesteinsmantel von 1400 km Radius und der mittleren Dichte 2,6.

23. Weiter als zu diesen beiden, wieder nur als Grenzfälle aufzufassenden Bestimmungen ist man selbst heute noch nicht gekommen, und der Weg zu weiteren Fortschritten scheint durch unsere Unkenntnis über das Innere der Erde noch für lange Zeit verschlossen. Es bleibt daher nur die eine Möglichkeit frei, die Abplattung der Erde aus auf ihrer Oberfläche anzustellenden Beobachtungen zu berechnen. Zweierlei Wege stehen dazu den Astronomen offen.

Der erste Weg führt direkt zum Ziele. Er sagt, wie man aus unmittelbaren Messungen von Teilen der Erdoberfläche deren Abplattung auffinden kann. Der Vorgang ist dabei der folgende: Man bestimmt zuerst geodätisch die Entfernung zweier Punkte auf der Erde am einfachsten solcher, die auf einem Meridiane, aber auf verschiedenen Parallelkreisen liegen. Hierdurch erhält man den zwischen den zwei Punkten liegenden Bogen. Man mißt ferner den Winkel zwischen beiden Punkten durch gleichzeitige Beobachtung eines Sternes, der ja von beiden Orten aus in verschiedener Richtung gegen die Vertikale, oder wie man astronomisch sagt, in verschiedenen Zenitdistanzen zu sehen sein wird. Diese Messung gibt den Zentriwinkel, der dem geodätisch gefundenen Bogen entspricht. Aus beiden läßt sich nunmehr die Bogenlänge für 1° berechnen.

Solange man in der Überzeugung lebte, daß die wahre Gestalt der Erde die einer Kugel sei, genügte eine solche Messung der Bogenlänge für einen Grad, um aus ihr durch Multiplikation mit 360 den ganzen Umfang der Erde und, wie aus der Geometrie weiter bekannt ist, durch Division durch 2π ihren Radius zu berechnen. Messungen dieser Art und zu diesem Zwecke sind auch vielfach vor Newton ausgeführt worden. Die älteste ist die schon im Altertume von Eratosthenes[1]) vollzogene. Erst aus den theoretischen Untersuchungen Newtons ergab sich die Notwendigkeit, mindestens an zwei verschiedenen Orten der Erde je eine solche Messung auszuführen, und aus beiden die ihnen entsprechende Länge eines Bogengrades zu berechnen. An Orten, an denen die Krümmung der Erde eine größere ist wie am Äquator oder in äquatornahen Gegenden, mußte ein kleinerer Wert, am Pole dagegen oder an polnahen Punkten

---

1) Siehe: Astr. Weltbild im Wandel der Zeit S. 58—59.

der Erde ein größerer Wert des Bogengrades aus der Rechnung folgen, sollte die Newtonsche Lehre von der Ausbauchung der Erde am Äquator und deren kleineren Krümmung am Pole richtig sein. So wurde als erste die schon 1669 von Picard begonnene Messung des Bogens zwischen Paris und Amiens 1712 durch Cassini nach Süden fortgesetzt. Sie sollte bis Perpignan reichen und damit zwei Bogenlängen liefern, einen nördlichen (Paris—Amiens) und einen südlichen (Paris—Perpignan). Merkwürdigerweise ergab sich

1. nördl. Bogen $1^0 = 56960$ Toisen **(57061, B—R = — 101 Toisen),**
2. südl. Bogen $1^0 = 57097$ Toisen **(57019, B—R = + 78 Toisen),**

(eine Toise = 1,94903631 m), der erstere Bogen kleiner als der zweite, so als ob die verschiedenen Grade von Norden nach Süden zu-, daher die entsprechenden Erdkrümmungen abnehmen und die Erde daher im vollen Gegensatze zur Newtonschen Lehre an den Polen ausgebaucht und am Äquator abgeplattet sei, also die Form eines verlängerten Ellipsoides besitze.

Um die Sachlage zu klären, wurden von König Ludwig XV. von Frankreich im Jahre 1735 zwei große Expeditionen ausgerüstet, von denen eine einen Bogen in Peru in Südamerika, die zweite unter Clairauts Leitung stehende einen in Schweden messen und deren Messungen sich an den großen nunmehr ganz Frankreich von Norden nach Süden durchquerenden Bogen Cassinis anschließen sollten. Erst durch diese entschied sich die Frage zugunsten der Newtonschen Lehre. Aber auch da noch nicht vollständig. Die drei Messungen gaben nämlich für die gemessenen Bogenlängen die Werte:

1. Peru $1^0 = 56767$ Toisen **(56747, B—R = + 20 Toisen),**
2. Frankreich $1^0 = 57028$ „ **(57031, B—R = — 8),**
3. Schweden $1^0 = 57422$ **(57207, B—R = + 215),**

und damit tatsächlich einen von Norden nach Süden abnehmenden Bogenwert und dementsprechend eine zunehmende Krümmung. Aber als man aus den zwei Bogenlängen, Peru und Frankreich, die Abplattung der Erde berechnete, fand sich diese zu $1/_{314}$, während aus den zwei Bogen, Peru und Schweden, der Wert $1/_{213}$ folgte. Es schien somit, als ob die Erde ein Körper von komplizierterer Form sei, dessen Krümmung sich nicht durch einen einheitlichen, vom Äquator nach Norden gleichmäßig abnehmenden Wert darstellen lasse. Trotzdem glaubte man einen Erfolg erzielt und die großen Expeditionskosten nicht unnütz vergeudet zu haben. Man schrieb den gefundenen

Unterschied den unvermeidlichen Fehlern zu, die sich bei allen Messungen und Beobachtungen einstellen und teils in der Unvollkommenheit der benutzten Meßinstrumente, teils in der Unruhe der Luft, in der vielleicht schlechten Beleuchtung, kurz in zahllosen störenden Ursachen ihren Grund haben, deren Möglichkeit vorhanden ist, ohne daß berechnet werden könnte, wie sie wirken. Keine Beobachtung gibt also die Wahrheit selbst, sondern reicht nur an sie heran bis auf eine unbekannte Größe, die wahrscheinlich um so kleiner ist, je größer die Anzahl der Beobachtungen, je vollkommener die Hilfsmittel und je vorsichtiger und geschickter der Beobachter ist.

In der Erkenntnis dieser Tatsache begünstigte man und führte auch vielfach neue Gradmessungen aus, die man sich mit um so größerer Umsicht einzuleiten bestrebte, zu dem Zwecke, um aus einer Kombination vieler solcher Messungen, und nicht mehr einzig aus zweien die Abplattung der Erde zu berechnen. Unter diesen neuen Messungen ragt besonders durch ihre kulturhistorische Bedeutung die von der französischen Revolution angeordnete und unter der Leitung von Borda und Laplace stehende hervor. Sie sollte den von Cassini gemessenen Bogen nochmals durchmessen, ihn außerdem nach Süden von Perpignan über Barcelona bis nach Formentera auf der Insel Minorca verlängern und so einen Bogen von $12\frac{1}{2}{}^0$ von Dünkirchen über Amiens hinaus im Norden und bis Formentera im Süden umfassen. In Verbindung mit den beiden französischen Messungen in Peru und Schweden folgte aus ihr für die Abplattung der Wert $1/_{334}$. Neben diesem geodätischen verfolgte sie jedoch, wie bekannt, noch ein anderes Ziel, das nämlich: ein Naturmaß für alle Längenmessungen aufzufinden, das in allen Ländern der Erde gleiche Geltung haben sollte, um so die Völker mindestens im Messen miteinander zu verbinden, wenn sie auch sonst durch Sprache und Religion voneinander getrennt sind. Als ein solches Naturmaß wurde das Meter als der 10 millionste Teil eines Erdmeridianquadranten definiert. An dasselbe sollten sich weiter gleiche Flächen-, gleiche Gewichtsmaße anschließen, alle nach Ober- und Unterabteilungen nach dem Dezimalsystem geteilt, und die gleiche Teilung sollte auch auf die Messungen der Winkel in Grade, Minuten und Sekunden und die der Zeit in Stunden, Minuten und Sekunden ausgedehnt werden. Wie bekannt wurde dieses Ziel nicht erreicht. Erst im Jahre 1875 führt eine internationale Konvention das Meter als einheitliches Längenmaß, das Ar als Flächen- und das Kilogramm als Gewichtsmaß ein. Aber auch da schlossen sich nicht alle Länder an.

6 *

England, die nordamerikanischen Staaten und Rußland bilden die Ausnahme. Die Einführung des Dezimalsystems für die Winkel und Zeitmessung ist bis heute noch nur ein Wunsch geblieben.

Der großen französischen Gradmessung folgten bald andere, eine in England und Schottland, eine neue in Frankreich, die von Osten nach Westen ging und bald in Norditalien bis an das Adriatische Meer fortgesetzt wurde, eine weitere in Dänemark und Holstein, an welche sich die hannoveranische unter der Leitung Gauß' anschloß, eine in Nordamerika, eine in Ostindien, eine in Südafrika, Kapstadt, eine in Rußland, und zwar in den deutschen Ostseeprovinzen, welche mit der preußischen unter der Führung von Bessel in Königsberg verbunden wurde. Diese vielen, mit großer Sorgfalt und äußerster Umsicht ausgeführten Messungen vereinigte Bessel im Jahre 1841 durch ein streng nach den Prinzipien der Wahrscheinlichkeitsrechnung durchgeführtes Verfahren und fand die folgenden Werte, die heute noch allgemeiner Anerkennung sich erfreuen:

$$\text{Meridianquadrant} = 10\,000\,855,76\ \text{m}$$
$$\text{Äquatorradius} = 6\,377\,397,15\ \text{m}$$
$$\text{Polarradius} = 6\,356\,078,96\ \text{m}$$
$$\text{Abplattung} = 1/299,1528.$$

Und um ein anschauliches Bild über die erzielte Genauigkeit der Messungen und Rechnungen zu erlangen, seien noch die Ergebnisse anderer Berechner hier angeführt:

	Erdquadrant	Abpl.
1792—1806: Delambre (Messung, angeordnet durch die französische Revolution)	10 000 000 m	1 : 334
1830: Schmidt in Göttingen	10 000 061 "	1 : 298
1830: Airy in Greenwich .	10 001 012 "	1 : 299
1841: Bessel in Königsberg	10 000 856 "	1 : 299
1880: Clarke in Oxford	10 001 871 "	1 : 293

24. Der zweite den Astronomen zur Verfügung stehende Weg, die Abplattung der Erde zu berechnen, geht aus von der Länge des Sekundenpendels, die, wie schon Galilei nachgewiesen, der Größe der Schwerkraft proportional ist, und ihrer Verlängerung infolge der Änderung der Schwerkraft vom Äquator gegen die Pole. Sie beruht also nicht auf einer direkten Messung, sondern benutzt die Tatsache, daß die Schwere an verschiedenen Punkten der Erde infolge der Abplattung und der Fliehkraft eine verschiedene ist, um aus dieser Wirkung auf die Ursache zu schließen. Schon Newton versuchte es diesen Schluß zu ziehen. Ihm gelang die Lösung dieser Aufgabe noch nicht. Erst Clairaut bewies das noch heute unter dem Namen des Clairautschen Theorems bekannte Gesetz, das die Lösung enthält. Es lautet: Die drei hier in Betracht kommenden Größen, nämlich: die Abplattung der Erde α, das Verhältnis der Fliehkraft auf dem Äquator zur Schwere daselbst φ, und die Größe λ, die die Zunahme der Schwere vom Äquator zu den Polen darstellt und durch die Zunahme der Länge eines Sekundenpendels festgelegt werden kann, stehen zueinander in der algebraischen Beziehung

$$\alpha = \frac{5}{2} \varphi - \lambda.$$

Sofern daher λ bekannt ist, ist es möglich, aus dieser Gleichung α zu berechnen. Dazu ist nötig, die Länge eines Sekundenpendels an verschiedenen Punkten der Erde zu messen, und aus vielen solchen Beobachtungen die Größe der Zunahme der Pendellänge, d. i. die Größe λ abzuleiten.

Vielfach rüsteten namentlich England und Frankreich größere Seeexpeditionen aus, die die entferntesten Punkte der Erde aufsuchen sollten, um daselbst die Länge eines Sekundenpendels zu messen. Die berühmtesten unter ihnen sind: die Expedition des Kapitän Edw. Sabine, der in den Jahren 1822—1824 auf 13 Stationen in den geographischen Breiten von 80° nördl. bis 13° südlich derartige Pendelbeobachtungen ausführte, die Expedition des Kapitän Foster, der innerhalb der Jahre 1828—1831 zwischen den geographischen Breiten 11° nördlich bis 63° südlich beobachtete, und die von Louis de Freycinet in dem Jahre 1817. An diese älteren Messungen reihten sich auch in neuerer Zeit noch viele an, so daß das ganze Beobachtungsmaterial ein ziemlich reichhaltiges ist, das schon viele Bearbeiter gefunden hat. Die neueste und das ganze Material verwertende Untersuchung rührt her von Helmert (1880). Sie gab

$$\lambda = 0,005310, \text{ woraus } \alpha = \frac{1}{297 \cdot 80}$$

folgt, oder nach einer zweiten etwas strenger durchgeführten Berechnung

$$\alpha = 1/299{,}26,$$

ein Wert, welcher mit dem von Bessel aus der Gesamtheit der geodätischen Messungen abgeleiteten $\alpha = 1/299 \cdot 15$ fast vollkommen übereinstimmt. Von anderen Rechnern gefundene Werte sind:

Sabine	1825	$\alpha = 1/287$,
Airy	1830	$\alpha = 1/283 - 1/286$,
Clarke	1880	$\alpha = 1/294$.

Außerdem seien noch einige Daten über die Längen des Sekundenpendels an verschiedenen Punkten der Erde hier angeführt, Daten,
die ein Bild von der Größe ihrer Variation geben sollen:

	geogr. Breite	Länge des Sekundenpendels	B—E
Trinidad	10° 39′ nördl.	0,991091 m	+ 0,000018 m
Bahia .	12° 59′ südl.	0,991215 ⸗	— 0,000004 ⸗
Kalkutta .	22° 33′ nördl.	0,991712 ⸗	— 0,000015 ⸗
Rio Janeiro . .	22° 55′ südl.	0,991712 ⸗	+ 0,000011 ⸗
Kap d. gut. Hoffnung	33° 56′ südl.	0,992580 ⸗	— 0,000092 ⸗
Paris	48° 50′ nördl.	0,993882 ⸗	+ 0,000011 ⸗
Berlin	52° 30′ nördl.	0,994235 ⸗	— 0,000006 ⸗
Kap Horn .	55° 51′ südl.	0,994565 ⸗	— 0,000035 ⸗
St. Petersburg . .	59° 56′ nördl.	0,994876 ⸗	— 0,000014 ⸗
Süd Shetland Inseln	62° 56′ südl.	0,995176 ⸗	— 0,000063 ⸗
Spitzbergen	75° 50′ nördl.	0,996067 ⸗	— 0,000037 ⸗

25. Wenn von der Abplattung der Erde und der Möglichkeit, sie
aus Beobachtungen zu berechnen, gesprochen wird, darf nicht die
Präzession unerwähnt bleiben, jene rätselhafte Erscheinung, die schon
im Altertum entdeckt, lange Zeit jedes Erklärungsversuches spottete,
bis endlich Newton durch seine Gravitationslehre die Lösung fand.
Die Erscheinung der Präzession besteht darin, daß die Längen der
Sterne, die stets vom Frühlingspunkte als dem Schnittpunkte des
Äquators mit der Ekliptik gezählt werden, jährlich fast regelmäßig
um 50″, in 72 Jahren um 1° zunehmen und daher die Sterne in
dem Zeitraume von rund 26 000 Jahren einen vollen Umlauf am
Himmel zu beschreiben scheinen. Zu ihrer Erklärung nahm man im
Altertum an, daß der ganze Sternenhimmel eine diesem Zeitraume
entsprechende langsame Drehung ausführe um eine Achse, die auf
der Ekliptik senkrecht stehe und gegen den Äquator, b. i. jene Ebene,
in welcher die tägliche scheinbare Bewegung aller Sterne stattfinde,
einen Neigungswinkel von 90°—23°5 = 66°5 bilde.

Newton erklärte sie durch eine störende Wirkung, welche Sonne
und Mond auf den äquatorealen Wulst der Erde ausüben. Beide
nämlich haben die Tendenz, diesen Wulst, der einer Massenanhäufung
längs des Erdäquators gleiche, wegen seiner schrägen Lage zur
Ekliptik in diese hineinzuziehen. Genau in der gleichen Art, wie auch
eine störende Kraft der Sonne auf die Bewegung des Mondes vorhanden ist, durch welche dieser in die Ekliptik hineingezogen wird
und sich daher die Knotenlinie seiner Bahn auf der Ekliptik verschiebt.

Während daher diese letztere Hauptebene im Raume fest bleibt, dreht sich die Ebene der Mondbahn mit Beibehaltung des Neigungswinkels von 5° auf ihr mit einer Geschwindigkeit von etwa 19° in einem Jahre. Ebenso dreht sich der Äquator der Erde längs der Ekliptik so, daß der Neigungswinkel zwischen beiden Ebenen in der Größe von 23°5 stets unverändert bleibt, die Drehung aber hier viel langsamer erfolgt, nämlich in einer Zeit von 26 000 Jahren. Würden Äquator und Ekliptik zusammenfallen, so gäbe es keine Präzession. In gleicher Weise gäbe es keine solche, wenn die Erde eine Kugel wäre. Ist diese Erklärung nun richtig, so muß sich aus der Größe der Präzession die Masse des äquatorealen Wulstes im Verhältnisse zur Masse der ganzen Erde, oder ihre Abplattung berechnen lassen.

Die erste streng theoretische Untersuchung zur Erklärung der Präzession gab der berühmte Enzyklopädist d'Alembert. Gleichzeitig wies er aber nach, daß, da die Erscheinung der Präzession von der Lagerung der Massen im Inneren der Erde abhängig ist, hier eine strenge Berechnung der Abplattung undurchführbar erscheine. Sie sei nur möglich, wenn die Annahme gemacht werde, daß die Erde überall homogene Dichte besitze. Unter dieser Beschränkung fanden d'Alembert für die Abplattung den Wert $\frac{1}{334}$, Laplace $\frac{1}{305}$.

Schließlich sei hier noch, namentlich wegen seines theoretischen Interesses, ein vierter Weg erwähnt, der ebenfalls zur Berechnung der Abplattung der Erde führt. Schon früher, S. 75, wurde erwähnt, daß die anziehende Kraft, welche ein Körper auf einen anderen ausübe, nicht nur von der Entfernung beider, sondern auch von seiner Form abhänge. Die anziehende Kraft eines Körpers ist eben die Summe aller fast unendlich kleinen Anziehungen, die von seinen ebenso fast unendlich vielen Molekülen ausgehen, und ändert ihre Größe ihrem absoluten Betrage nach, wenn die Form des Körpers sich ändert. Hierin liegt der wesentliche Unterschied der Newtonschen Auffassung der Schwere gegenüber der Huygensschen, der nur den Mittelpunkt der Erde als den Sitz der Anziehung betrachtet wissen will. Eine Kugel zieht daher einen Körper mit einer anderen Kraft an als ein Ellipsoid und diese Verschiedenheit muß sich in einer Unregelmäßigkeit in der Bewegung der angezogenen Körper, speziell was die Erde anlangt, in einer Unregelmäßigkeit in der Bewegung des Mondes zeigen. Wie schon S. 21 erwähnt, beträgt sie in der Länge etwa 8″ innerhalb einer Periode, die dem Knotenumlauf von 18,3 Jahren entspricht, und in der Breite des Mondes 7″ innerhalb

einer dem Mondumlauf selbst gleichen Zeit. Und so wie man aus der
Verschiedenheit der Länge eines Sekundenpendels an verschiedenen
Orten der Erde auf die diese Verschiedenheit erzeugende Ursache,
nämlich die Abplattung der Erde, schloß, so kann man nun auch einen
ähnlichen Schluß auf diese Anomalie in der Bewegung des Mondes
gründen. Laplace war der erste, der diese Verbindung zwischen Ursache und Wirkung an der Hand der mathematischen Analyse übersah
und aus ihr die Abplattung der Erde berechnete. Er fand den Wert
$\frac{1}{305}$. Hansen wiederholte die Rechnung, der er seine neuen Mondtafeln zugrunde legte, und fand $\frac{1}{298}$, einen Wert, welcher sowohl
an den Besselschen aus Gradmessungen abgeleiteten ($\frac{1}{299}$), wie an
den Helmertschen aus Pendelbeobachtungen gefundenen ($\frac{1}{299}$), fast
vollkommen heranreicht.

Es kann kaum etwas Auffallenderes gedacht werden, meint hierzu
Bessel, als die Behauptung, daß der Astronom die Figur der ganzen
Erde bestimmen könne, ohne seine Sternwarte zu verlassen, von welcher
er vielleicht keine Quadratmeile der Erdoberfläche übersehen kann;
daß er sie ferner durch die Beobachtung eines Himmelskörpers bestimmen könne, welcher keine Spur von der Abplattung der Erde an
sich trägt. Allein durch das ganze Weltsystem schlingt sich das Band
der Anziehung. Alle seine Erscheinungen werden durch dieses Band
verbunden und das, was als abgesonderte Tatsache erscheint, wird
selbst in der größten Entfernung durch die von ihm ausgehenden
Fäden oft vollständiger erkannt als in unmittelbarer Nähe. Newton
hat uns gezeigt, daß das Gewirre, welches die zahllosen Verbindungen
von einem Weltkörper zum anderen darstellen, durch Verfolgung
eines Fadens abgewickelt werden kann. Dieser Faden ist die mathematische Analyse und seine Abwicklung ist die Astronomie.

26. Fassen wir die Ergebnisse dieser aus verschiedenen Beobachtungen und nach verschiedenen Methoden abgeleiteten Werte der
Abplattung der Erde zusammen:

aus Gradmessungen	nach Bessel	1/299,
„ „	„ Clarke	1/294,
Pendelbeobachtungen	„ Helmert	1/297—1/299,
Mondbeobachtungen	„ Hansen	1/295—1/298,

so überrascht wohl eine fast ans Wunderbare grenzende Übereinstimmung. Indes darf man sich doch nicht durch sie über eine neue
hier auftretende und recht merkwürdige Schwierigkeit hinweg-
täuschen lassen.

Vergleicht man nämlich die mit den gefundenen Werten der Abplattung berechneten Größen, wie die gemessenen Bogengrade und die Pendellängen mit den tatsächlich beobachteten, ein Vergleich, der stets vorgenommen wird, ebensosehr um eine Gesamtprüfung der durchgeführten Rechnung als auch um einen Maßstab über die erzielte Genauigkeit des Rechnungsergebnisses zu erlangen, so zeigen sich sehr große Differenzen zwischen Messung und Rechnung, die einzig den unvermeidlichen Beobachtungsfehlern zuzuschreiben nicht angeht. In dem Sinne sind die S. 82 unter der Kolonne B—R mitgeteilten Zahlen zu verstehen. Sie geben die Differenzen zwischen den beobachteten oder gemessenen Werten der Bogengrade und ihren mit den Besselschen Konstanten des Erdellipsoides berechneten im Sinne: Beobachtung — Rechnung. Man sieht, daß diese Differenzen recht groß sind und weitaus die Genauigkeit übersteigen, mit der geodätische Messungen ausgeführt werden können. In gleichem Sinne sind die S. 86 in der Kolonne B—R angegebenen Zahlen zu nehmen, als Differenzen zwischen den gemessenen und den nach Helmert berechneten Werten der Pendellängen. Hier sind wohl die Unterschiede viel kleiner, aber doch größer als die Fehler, die man den Messungen von Pendellängen zuzuschreiben berechtigt ist.

Es kann nun keinem Zweifel unterliegen, daß diese konstatierten Abweichungen in Unregelmäßigkeiten der Erdoberfläche ihren Grund haben. Berge und Täler oder die lokale Terraingestaltung, die gesamten Kontinente, die ja eine über einen sehr großen Teil der Erdoberfläche sich erstreckende Erhebung des Festlandes über die Meeresfläche darstellen, im Gegensatze dazu wieder Ungleichheiten der Meerestiefen, ungleiche Dichten, die die äußere Erdrinde schon zeigt und die sich vielleicht noch ziemlich tief unter diese erstrecken, müssen sowohl auf die Richtung der Schwerkraft, die Lotlinien, wie auf ihre Größe einen merklichen Einfluß ausüben. Und da von der Richtung der Lotlinien die astronomischen Bestimmungen der Endpunkte der genannten Grade, und von der Änderung der Schwerkraft wieder die gemessenen Pendellängen abhängen, so muß sich der Einfluß dieser Unregelmäßigkeit in solchen die unvermeidlichen Beobachtungsfehler übersteigenden Abweichungen äußern. Anfangs beachtete man sie nur wenig. Man führte alle Berechnungen so durch, als ob es sich in ihnen nur um Fehler der Messung handeln würde. Erst später erkannte man ihre besondere Bedeutung für die Auffassung dessen, was man mit dem Ausdruck „Figur der Erde" zu verstehen habe.

Diese neue Begriffsbestimmung ist die folgende: Die Anschauung, daß die Erde die Form eines Rotationsellipsoides besitze, ist nur eine Annäherung an die Wahrheit. Wie vor Newton die Annahme der Kugelgestalt der Erde eine solche war, etwa eine ersten Grades, ist sie eine Annäherung zweiten Grades und muß nunmehr durch die neuen Resultate der Beobachtung, die stetig an Genauigkeit und Vollkommenheit gewinnen, durch eine dritten Grades ersetzt werden. Diese Annäherung dritten Grades ist nun jene ideale Erdoberfläche, welche auf alle konsta- Seine Haupteigenschaft ist tierten Abweichungen die, daß es in allen seinen Rücksicht nimmt. Teilen, entsprechend Man nennt sie dem Grundgesetze das Geoid. über das Gleich-

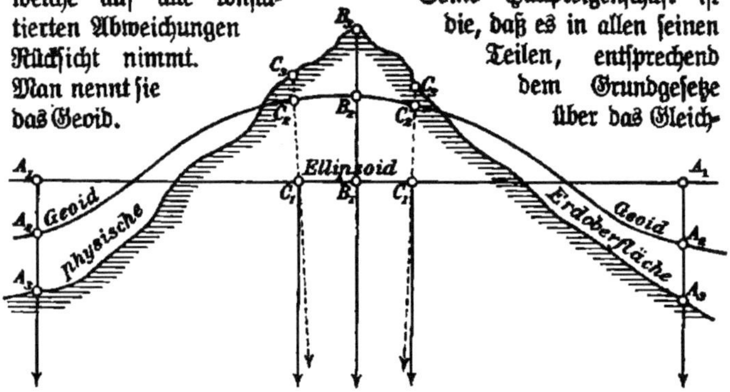

Fig. 2. Das Geoid, Ellipsoid und deren Lote.   Schematische Darstellung der Lotablenkung.

gewicht der Flüssigkeiten, die wahren Lotlinien senkrecht durchschneidet. Unterschiede zwischen dem Geoid und einem alle Gradmessungen umfassenden Ellipsoid, z. B. dem Besselschen, werden sich in doppelter Richtung zeigen. Einmal in Winkeldifferenzen zwischen den wahren Loten, als den Normalen des Geoids und den berechneten des Ellipsoids. Diese Differenzen nennt man Lotablenkungen. Sodann in Höhenabweichungen, d. h. in Erhebungen des Geoids über und Senkungen unter das Ellipsoid, die beide bald in stärkeren, bald in schwächeren, bald in kürzeren, bald in längeren Undulationen längs des letzteren dahinstreichen.

In der ersten Annäherung über die Gestalt der Erde, d. i. der Annahme ihrer Kugelform, waren die Unterschiede zwischen ihr und der zweiten Annäherung, die von der ellipsoidischen Figur der Erde ausgeht, noch ziemlich groß. Der Abplattung $\frac{1}{300}$ entspricht, wenn man den Äquatorradius der Erde zu 6377 km ansetzt, der Polarradius von einer Länge von 6356 km. Der Unterschied zwischen beiden beträgt 21 km, um die stetig ansteigend die Radien der einzelnen Punkte der Erde in verschiedenen geographischen Breiten vom Äquator gegen die Pole hin abnehmen. Der Abplattung von $\frac{1}{300}$ entspricht ferner als größte Winkeldifferenz der Lote der Kugel und des Ellipsoids im Parallelkreis von 45° der Betrag von 11.′5. Im Äquator fallen beide Lote zusammen, dann gehen sie immer mehr und mehr auseinander, bis die Winkeldifferenz in der geographischen Breite von 45° am größten wird und den Betrag von 11.′5 erreicht. Von da aber nähern eianbern wieder die Lote stetig, bis sie am Pole nochmals zusammenfallen. Die Erhebungen des Ellipsoids über die Kugel können also bis auf 21 km, die Lotabweichungen bis auf 11.′5 ansteigen.

Wie groß sind nun die entsprechenden Unterschiede zwischen der zweiten und dritten Annäherung, dem Ellipsoid und dem Geoid? Eines ist wohl von vornherein klar, das nämlich, daß diese Unterschiede hier nicht mehr den Charakter stetiger Zu- und ebenso stetiger Abnahme tragen werden, wie in dem ersten Falle. Denn da sie von Unregelmäßigkeiten der Massenverteilung auf und innerhalb der Erde abhängen, werden sie sich auch ihrer Größe wie ihrer Richtung nach ganz regellos über die Erde verteilen. Dies ist, meint hierzu Bessel, eine unangenehme Wahrheit. Aber ihre Erkenntnis darf nicht zur Folge haben, daß man das Messen auf der Erde überhaupt als fruchtlos aufgibt. Im Gegenteil macht sie das Messen noch notwendiger und ändert nur den Gesichtspunkt, auf welchen man hinzielt. Während man früher glaubte, durch Vermehrung der Genauigkeit der Messung kleinerer Bogen alles Erforderliche leisten zu können, hat man jetzt erkannt, daß man nur von weitausgedehnten Unternehmungen erheblichen Nutzen ziehen kann, von so weit ausgedehnten, daß die Unregelmäßigkeiten der Figur gegen die Größe der Erdoberfläche, welche von der Messung bedeckt wird, verschwinden. Dies fordert weniger neue Gradmessungen als vielmehr eine Verbindung der schon vorhandenen untereinander.

Dieser Idee entsprechend konstituierte sich im Jahre 1861 unter dem Protektorate der Regierungen der beteiligten Staaten die „mitteleuropäische Gradmessungskommission" unter der Leitung Generals von Baeyer und mit dem Sitz in Berlin. Durch den Beitritt Spaniens im Jahre 1867 erweiterte sie sich zur europäischen und wurde 1886, nachdem fast alle Kulturstaaten der Welt der Konvention beigetreten waren, zur „internationalen Erdmessung" mit dem Sitz in Berlin, gegenwärtig unter der Leitung von Helmert in Potsdam stehend. Angeregt durch sie und durch die großen Mittel, die ihr nach jeder Richtung zur Verfügung stehen, konnte man der Frage nach der Möglichkeit der Bestimmung einzelner Teile des Geoids, sowie der Feststellung der dazu nötigen Erfordernisse theoretischer und praktischer Natur näher treten. So sehen wir, wie fast die ganze gebildete Welt an der Lösung eines Problems mitarbeitet, das schon vom Altertum an die Menschheit beschäftigte, seiner endgültigen Lösung aber jetzt erst, nachdem seine präzise Fassung erkannt und der wahre Weg gefunden wurde, rascher entgegeneilt.

Im einzelnen sei hier nur angeführt, daß sowohl die Lotstörungen als die Winkelunterschiede zwischen den Lotrichtungen des Geoids und des Ellipsoids, sowie die positiven und negativen Erhebungen oder Ein- und Ausbiegungen des Geoids gegenüber dem Ellipsoid, soweit man sie teilweise schon kannte, äußerst gering sind. Ein erstes größeres Beispiel hierzu ist das von Helmert im Jahre 1888 konstruierte Geoidprofil, das im Meridian vom Brocken im Harz von Sophienhoi in Schleswig (geogr. Breite = 55°4) bis zum Lanserkopf bei Innsbruck in Tirol (geogr. Breite = 47°2) reicht. Nimmt man als Basis ein Ellipsoid an (das von Clarke berechnete), das das Geoid in Sophienhoi berührt, so gehen die Höhenunterschiede zwischen ihm und dem Ellipsoid im Harz auf etwa 4 m, bis zur bayerischen Hochebene auf 6 m, um in den Voralpen am Lanserkopf 10 m zu erreichen. Die vorkommenden Lotablenkungen betragen im Maximum 10''. Ein zweites Beispiel ist das von russischen Geodäten für das Ferganagebiet in Asien berechnete Geoidprofil, das in einer Ausdehnung von 110 km in der Richtung des Meridians eine größte Höhenerhebung des Geoids über das Ellipsoid im Ausmaße von 13 m und an einer Stelle eine Lotablenkung von 76'' zeigt. Tatsächlich sind dies gegenüber den Dimensionen der ganzen Erde, aber auch gegenüber den Unterschieden zwischen Kugel und Ellipsoid verschwindende Größen. Etwas größere Differenzen erhält man erst, wenn man die Massenwirkung der ganzen Kontinente gegenüber dem weniger dichten Ozean in Betracht ziehen will. Doch auch diese, durch die Erhebung des Geoids bedingt, schätzt Helmert nur auf etwa 200 m.

Noch auf eine Anomalie sei hier aufmerksam gemacht, eine Anomalie, welche auf einen Zusammenhang von geodätischen und Schweremessungen mit geologischen Verhältnissen hinweist. Man sollte nämlich vermuten, daß, wenn an einem Punkte der Erde Lotstörungen und anomale Schwereverhältnisse vorkommen, sie in der Regel in erhöhtem Maße in der Nähe größerer Gebirgszüge auf-

treten werden. Dies ist aber nicht immer der Fall. Im Gegenteil
zeigen sich sehr häufig in der Nähe eines Gebirges oder eines einzel-
stehenden Bergkegels Lotstörungen, die einer scheinbaren Abstoßung
des Lotes gleichkommen. So ist z. B. in gewissen Teilen der Alpen
die beobachtete Schwere kleiner als ihr normaler Wert, berechnet
nach Helmert. Südlich der Alpen in der großen Tiefebene des Po
ist die Schwere noch immer kleiner als die normale, aber nur in den
westlichen Teilen, in dem östlichen Gebiete von Padua und Venedig
dagegen wieder größer als der normale Wert. In der ungarischen
Tiefebene ist die Schwerestörung eine positive, d. h. die Schwere
übersteigt dort den normalen Wert.

Zur Erklärung dieser seltsamen Tatsachen muß man annehmen,
daß die Lotstörungen und Schwereanomalien nicht bloß von der
sichtbaren Massenverteilung auf der Erdoberfläche abhängen, sondern
daß sie auch von dem geologischen Aufbau der obersten Erdkruste
bedingt sind. Es müssen sich daher unterhalb vieler Gebirge größere
Massendefekte, unterhalb vieler Ebenen wieder größere Massenanhäufungen befinden, welche den Einfluß der sichtbaren Massen
kompensieren, oft sogar ins Entgegengesetzte umwandeln. Aus dem
Umstande, daß diese Störungen meist innerhalb kurzer Strecken ihre
Richtung wie ihre Größe ändern, kann man weiter schließen, daß die
anzunehmenden Hohlräume und Massenverdichtungen sich nicht in
gar zu großer Tiefe unter der Erdoberfläche befinden. Eine Berechnung derselben sowohl ihrer Tiefe unter der Oberfläche der Erde
wie ihrer Größe nach ist in einzelnen Fällen durchgeführt. Ihre allgemeine Bestimmung hätte bei dem Mangel an Beobachtungsmaterial, das sich zu diesem Zwecke in großer Dichte über bedeutende
Landoberflächen, vielleicht über ganze Kontinente, erstrecken müßte,
zunächst nur einen imaginären Wert. Erst wenn ein solches hinreichend genau und verläßlich, in seinen einzelnen Angaben vergleich-
bar und über größere Strecken ausgedehnt vorliegen wird, wird man
daran gehen können, diese Ergebnisse nicht nur in geodätischer, sondern
auch in geologischer Hinsicht richtig zu deuten und zu würdigen.

27. Ehe wir nunmehr, die Erde verlassend, uns zum Monde,
unserem treuen Begleiter, zuwenden, um auch seine Figur nach dem
Newtonschen Prinzip der Gleichgewichtsfiguren zu bestimmen,
müssen wir uns vorerst über die ihm eigentümlichen Rotationsver-
hältnisse klar werden.

Es ist bekannt, und schon der bloße Anblick des Mondes selbst mit
unbewaffnetem Auge zeigt es an, daß er uns stets das gleiche Gesicht

mit seinen hellen und dunklen Flecken zuwendet. Anfangs wollte man daraus den Schluß ziehen, daß er überhaupt keine Rotation habe. Erst später wurde es klar, daß diese Anschauung nicht richtig sei. Er hat eine Rotation. Denn dem Fixsternhimmel wendet er tatsächlich nacheinander alle seine Seiten zu. Man hat vielmehr zu sagen, daß aus der Tatsache, daß er der Erde stets dieselbe Seite zukehre, nur folgt, daß seine Rotation genau in gleicher Zeit sich vollzieht, wie sein Umlauf um die Erde, nämlich in 27 Tagen 7 Stunden. Seine Rotationsgeschwindigkeit ist daher im Vergleiche zu der der Erde eine sehr kleine. Ebenso klein ist mithin auch die Fliehkraft auf seiner Oberfläche, wie die aus ihr entspringende Abplattung.

Indes treten bei der Rotation des Mondes kleine Anomalien auf, die man Schwankungen, Librationen nennt. Sie bewirken, daß wir von ihm doch etwas mehr als eine halbe Oberfläche, nämlich etwa $^4/_7$ derselben, sehen. Und da der Teil, der sich da zeigt, dem sichtbaren Teil vollständig gleicht, so schließt man daraus, daß auch die uns abgewendete Mondhälfte, die wir Menschen nie zu Gesicht bekommen können, die gleiche Beschaffenheit und Oberflächengestaltung besitzt wie die uns zugekehrte Scheibe. Hansen, der berühmte Berechner der heute auf allen Sternwarten in Gebrauch stehenden Mondtafeln, glaubte einige kleine Unregelmäßigkeiten in der Bewegung des Mondes, die sich in den Beobachtungen, aber nicht in den Rechnungen zeigten, durch die Annahme erklären zu können, daß der Schwerpunkt des Mondes nicht mit seinem geometrischen Mittelpunkte zusammenfalle, sondern etwa 59 km hinter diesem liege. Diese Annahme würde zu der Anschauung führen, daß vom Schwerpunkte aus gerechnet, die Vorderseite des Mondes, die wir sehen, Hochland, die Rückseite dagegen Tiefland sei, und sich alles Wasser und alle Luft, die beide, wie bekannt, der Vorderseite fehlen, auf der letzteren angesammelt habe. Diese Anschauung, die die Existenz eines organischen Lebens, ja vielleicht selbst von Menschen auf dem Monde möglich machte, erregte seinerzeit viel Aufsehen. Sie ist aber nicht haltbar. Nach den neueren Rechnungen Newcombs in Washington, der sich mit einer Verbesserung der Hansenschen Mondtafeln beschäftigte, existieren die von Hansen angenommenen Unregelmäßigkeiten in seinem Laufe um die Erde gar nicht. Mittelpunkt und Schwerpunkt fallen daher zusammen.

Was die Librationen anlangt, so entsteht die erste unter ihnen, die optische Libration in Länge dadurch, daß die Rotation des Mondes mit gleichförmiger Geschwindigkeit erfolgt, sein Umlauf um die Erde aber in der elliptischen Bahn mit veränderlicher, in der Erdnähe rascher, in der Erdferne langsamer. Es eilt also der Mond bald vor, bald aber bleibt er wieder gegen seine Rotationsbewegung zurück. Damit deckt er uns auch von seiner von uns abgewendeten Seite kleine Teile in östlicher und westlicher Richtung auf. Die zweite Libration in Breite wieder entsteht dadurch, daß der Äquator des Mondes gegen seine Bahnebene geneigt ist. Der Neigungswinkel ist sehr klein. Er beträgt 5°, während der gleiche Winkel für die Erde, die Schiefe der Ekliptik gegen den Erdäquator $23\frac{1}{2}°$ zählt. Diese Tatsache hat zur Folge, daß der Äquator des Mondes nicht immer durch die Mitte der sichtbaren Scheibe geht, sondern bald etwas südlicher, bald etwas nördlicher liegt und wir daher auch von der unsichtbaren Hälfte einige Teile in nördlicher und südlicher Richtung sehen. Der Mond erscheint, wie hier Franz drastisch sagt, wie ein Kopf, der sich bei jeder vollen Umdrehung um die Erde ein wenig von rechts nach links wendet, von oben nach unten nickt, so daß wir dem Burschen auch hinter die Ohren, unter das Kinn und über den Scheitel hinwegschauen. Zu diesen zwei Librationen tritt als dritte noch die parallaktische hinzu. Sie rührt daher, daß wir den Mond nicht vom Mittelpunkte der Erde, sondern von einem Punkte ihrer Oberfläche aus betrachten, der gegen den Verbindungsstrahl des Mittelpunktes der Erde mit dem der sichtbaren Mondscheibe bald nördlicher, bald südlicher oder mehr östlich oder mehr westlich liegen kann. Auch durch sie wird ein kleiner Teil der Rückseite des Mondes dem Beschauer aufgedeckt.

Diese drei Librationen nennt man optische oder auch scheinbare Librationen. Sie stellen nämlich keineswegs eine wirkliche Unregelmäßigkeit in der Drehung des Mondes um seine Achse dar, sondern nur eine scheinbare, deren Ursache in der Verschiedenheit des Standortes liegt, von dem aus der Beobachter den Mond betrachtet. Neben ihnen zeigt der Mond aber auch eine wirkliche physische Schwankung, die vollständig analog ist der Präzessionsbewegung der Erdachse im Raume. Sie ist jedoch wegen der geringen Abplattung des Mondes sowie wegen des kleinen Neigungswinkels seines Äquators gegen seine Bahnebene äußerst gering. Erst in neuester Zeit gelang es überhaupt, sie aus Mondbeobachtungen zu konstatieren.

Auch bei den Satelliten der anderen großen Planeten, wie des Jupiter und des Saturn, sind Erscheinungen beobachtet worden, die auf ähnliche Verhältnisse hindeuten, wie sie der Erdmond aufweist. Man kann daher mit guter Berechtigung sagen, daß alle Monde die

Eigenschaft besitzen, daß ihre Rotationszeit mit der Umlaufszeit zusammenfällt. Vielleicht liegt hierin der Hauptunterschied zwischen ihnen und den Hauptplaneten, deren Umlaufs- und Umdrehungsbewegung voneinander ganz unabhängig sind. Nur zwei Ausnahmen scheinen da zu bestehen. Schiaparelli glaubte aus Beobachtungen von Flecken und kleinen Unebenheiten auf den sichtbaren Scheibchen der Planeten Merkur und Venus den Schluß ziehen zu müssen, daß bei diesen ebenso wie bei dem Erdmonde Umlaufszeit und Rotationsdauer identisch seien. Wenn Flecken oder kleine im Fernrohre sichtbare Ungleichheiten auf ihren Oberflächen heute und ebenso an allen folgenden Tagen zur gleichen Abendstunde stets in derselben Stellung zu stehen scheinen, so kann dies daher kommen, daß die Rotationsdauer bei den Planeten genau so wie die der Erde 24 Stunden zählt, die Flecken daher wieder in die gleiche Stellung der Erde gegenüber zurückgekommen sind. Es kann dies aber auch daher stammen, daß die Flecken sich überhaupt nicht bewegt haben, daß demnach die beiden Planeten der Sonne stets die gleiche Seite zuwenden und wie beim Erdmonde Rotation und Umlaufsbewegung gleich viel Zeit in Anspruch nehmen. Schiaparelli entscheidet sich für die letztere Anschauung, doch wurde sie vielfach wieder von anderen bestritten und bekämpft. Die Frage, welche von diesen zwei Anschauungen die richtigere ist, ist daher noch nicht als erledigt zu betrachten, am wenigsten, was den Planeten Venus anlangt, für welchen in neuester Zeit ausgeführte Spektralbeobachtungen nach dem Dopplerschen Prinzip weniger zugunsten der Schiaparellischen Theorie und mehr zugunsten jener sprechen, welche eine 24 stündige Rotation der Venus annimmt.

28. Die theoretischen Untersuchungen über die Gestalt des Erdmondes beginnen mit Laplace. Er stellte sich die folgende Aufgabe: Eine homogene flüssige Masse bewege sich als Satellit in einem Kreise um einen Zentralkörper, wie der Mond um die Erde, derart jedoch, daß der Satellit diesem stets dieselbe Seite zuwende. Die gegebene Masse stehe einerseits unter der Einwirkung der Gravitationskräfte ihrer eigenen Teilchen, d. i. ihrer Schwere, anderseits unter dem Einflusse der aus der Rotation entstehenden Fliehkraft, die aber wegen der sehr geringen Rotationsgeschwindigkeit sehr klein ist. Diese zwei Annahmen decken sich mit den gleichen, auch bei der Bestimmung der Figur der Erde gemachten. Außerdem trete noch als dritte Einwirkung die Anziehung des Zentralkörpers hinzu, speziell für den Erdmond, die anziehende Kraft, die die Erde auf ihn ausübt. Welche

Gleichgewichtsfigur nimmt die flüssige Masse unter dem Einflusse dieser drei Kräfte an?

Laplace findet für sie die eines dreiachsigen Ellipsoides, d. h. eines Ellipsoides, dessen Querschnitt, durch die beiden Pole hindurch gelegt, wie auch im Äquator elliptischer Form ist, während die spezielle Gleichgewichtsfigur der Erde nur einen elliptischen Querschnitt durch die Pole besitzt, im Äquator dagegen rein kreisförmig ist. Die kürzeste Achse des Mondellipsoides fällt mit der Rotationsachse zusammen, geht also durch die beiden Pole. Die beiden anderen Achsen sind im Äquator gelegen, und zwar die längste der Erde zugekehrt, die mittlere auf ihr senkrecht stehend. Doch sind die Exzentrizitäten des elliptischen Querschnitts und daher auch ihre Abplattungen sehr klein. Legt man durch die Pole des Mondes einen Schnitt in der Richtung der der Erde zugekehrten längsten Achse und einen zweiten darauf senkrechten, so gibt die Rechnung für die Abplattung des ersten den Wert $\frac{1}{4700}$, für die des zweiten $\frac{1}{106000}$. Daraus folgen für die tatsächlichen Unterschiede der beiden Äquatorachsen gegen die kürzeste Polarachse, wenn man den Radius der Mondkugel zu 1741 km annimmt, die Zahlen 65 m und 16 m, Zahlen, die so klein sind, daß sie durch eine direkte Messung der sichtbaren Mondscheibe am Himmel wohl schwer konstatierbar werden dürften. Denn ein Gegenstand, der am Auge einen Winkel von einer Sekunde einschließt, hat in der Entfernung des Mondes von 384 000 km noch immer eine lineare Ausdehnung von 1,8 km. Eine Strecke von 65 m in dieser Entfernung erscheint daher unter einem Sehwinkel von $\frac{1}{30}''$ und dies ist eine Größe, die weit unter der tatsächlichen, ja sogar unter der erreichbaren Sichtbarkeitsgrenze selbst der mächtigen Fernrohre liegt, die man heutzutage baut.

In der Tat ergaben auch alle Messungen der Mondfigur für den Umriß seiner Scheibe, von den überragenden Mondbergen abgesehen, völlig die Form eines Kreises. Erst Franz in Breslau gelang es im Jahre 1899 durch eine Art stereoskopischer Messungen auf Mondphotographien den Nachweis zu erbringen, daß der Mond ein gegen die Erde hin verlängertes Ellipsoid ist. Für die Größe der Verlängerung findet er den Wert $\frac{1}{880}$, ein Wert, welcher zwar noch immer recht klein, aber doch fast 30 mal so groß ist wie der aus der Gleichgewichtstheorie folgende. Ihm entsprechen immerhin 2 km als Unterschied des kürzesten Polar- gegen den längsten Äquatorhalbmesser. Neben dieser direkten Messung bietet außerdem die Theorie der physischen Libration des Mondes ein Mittel, seine Figur zu bestimmen,

analog wie aus der Erscheinung der Präzession unter der Annahme.
einer gleichförmigen Massenverteilung der Erde deren Abplattung
berechnet werden kann. Die Theorie gibt für die Abplattungen der
zwei Querschnitte durch den Mondkörper die Zahlen: $\frac{1}{1600}$ und
$\frac{1}{3300}$, welche ebenfalls sehr klein, aber doch bedeutend größer sind
als die theoretischen Werte.

Theorie und Messung stimmen also insofern miteinander überein,
als sie beide dem Monde die Figur eines Ellipsoides zuschreiben, das
nach der Erde zu ein ganz klein wenig zugespitzt, an den Polen ebenso
nur sehr wenig abgeplattet ist. Aber in dem Betrage der Abplattung
und der Verlängerung weichen sie immerhin recht stark voneinander
ab. Wie Laplace annimmt, kommt dies daher, daß die Höhenunterschiede, die sich auf der Oberfläche des Mondes als Berge und Täler
zeigen und bis auf 7—8000 m heranreichen, seine von der Gleichgewichtstheorie geforderte Gestalt viel stärker beeinflußten, als die
gleichen Höhenunterschiede auf der bedeutend größeren Erde deren
Gestalt veränderten.

Noch auf eine interessante Untersuchung sei, speziell was alle
Satelliten von Planeten anlangt, hier aufmerksam gemacht. Es ist
dies die von Roche bestimmte Distanzgrenze, innerhalb welcher für
einen Mond eine ellipsoidische Gleichgewichtsfigur unmöglich ist.
Man findet sie aus der Bedingung, daß die Resultierende der drei
Kräfte, die auf einen Punkt der Oberfläche eines Mondes wirken,
zu Null wird. Wie schon oben gesagt wurde, sind diese drei Kräfte:
1. die Schwere auf dem Monde selbst, sie wirkt auf einen beliebigen
Punkt seiner Oberfläche in der Richtung zu seinem Mittelpunkte hin,
2. die Fliehkraft, welche den Punkt in entgegengesetzter Richtung,
also vom Mittelpunkte weg zu bewegen sucht und 3. die Anziehungskraft des Hauptplaneten, die in derselben Richtung wie die Fliehkraft wirkt, indem sie den betreffenden Massenpunkt zur Erde hin-
treibt. Ist die Summe der zwei letzteren, nämlich der Erdanziehung
und der Fliehkraft genau gleich der ersten Kraft, der Schwere, dann
ist jeder Punkt auf dem Monde gewissermaßen schwerlos. Er unterliegt nach keiner Richtung hin einer Anziehung. Wird aber die
Summe größer als die Schwere, und dies wird eintreten, wenn der
Mond sich gar zu sehr der Erde genähert hat, dann folgt jeder Teil
des Mondes ihrem Zuge auswärts, die durch die Schwere bedingte
Kohäsion erscheint aufgehoben und der Mond muß in Stücke zerfallen.
Der mathematische Ausdruck für diese Grenzdistanz nach Roche ist

$$D = 2{,}44\ R \sqrt[3]{\varrho/\varrho_1}.$$

Darin bedeutet R den Radius des Hauptplaneten, ϱ ſeine Dichte und ϱ_1 die Dichte des Mondes. Für den Fall Mond — Erde, in welchem $\varrho/\varrho_1 = 1{,}63$ iſt, wird

$$D = 2{,}87 \text{ R}.$$

Tatſächlich iſt die Diſtanz des Mondes von der Erde 384 000 km, oder in Erdradien zu 6400 km.

$$D = 60 \text{ R},$$

mithin von der Diſtanzgrenze recht weit entfernt. Um dieſe Rechnung auch auf andere Planeten und ihre Monde anzuwenden, fehlt es jedoch an genauen Daten über das Verhältnis der Dichten beider, der Größe ϱ/ϱ_1. Immerhin ſeien hier die Entfernungen der Monde der Planeten, ausgedrückt in deren Halbmeſſern, angeführt. Die Zahlenangaben ſagen, wenn man von dem Faktor $\sqrt{\varrho/\varrho_1}$ abſieht, daß nur zwei Monde, nämlich der innerſte Mond des Mars und ebenſo der des Jupiter, der erſt 1892 von Barnard entdeckt wurde, in der gefährlichen Grenzdiſtanz ſtehen, während die Diſtanz der anderen weitaus dieſe übertrifft.

Mars:	1. Mond Phobos	D = 2,77 R	2. Mond:	Deimos	D = 6,92 R
Jupiter:	5. —	D = 2,60 R	1.	—	D = 5,94 R
	2. —	D = 9,45 R	3.	—	D = 15,09 R
	4. —	D = 26,54 R	—		
Saturn:	1. Mimas	D = 3,01 R	2.	Enceladus	D = 3,98 R
	3. Tethys	D = 4,93 R	4.	Dione	D = 6,36 R
	5. Rhea	D = 8,82 R	6.	Titan	D = 20,45 R
	7. Hyperion	D = 24,85 R	8.	Japetus	D = 59,62 R
Uranus:	1. Ariel	D = 6,95 R	2.	Umbriel	D = 9,68 R
	3. Titania	D = 15,05 R	4.	Oberon	D = 19,76 R
Neptun:	1. —	D = 13,17 R			

29. Eine der ſchönſten und durch die theoretiſchen Unterſuchungen und Folgerungen, die ſich an ſie knüpfen, intereſſanteſten Erſcheinungen am Sternenhimmel iſt der Saturn und ſein Ring. Dem bloßen unbewaffneten Auge zeigt er ſich als ein Stern, der in rötlich-gelber Farbe leuchtet und ſich in nichts anderem von allen ſonſt am Himmel ſichtbaren Sternen unterſcheidet, als daß er ſich, wie jeder Planet, langſam zwiſchen ihnen fortbewegt und zu einem vollen Umlauf am Himmel 30 Jahre benötigt. Ganz anders aber iſt ſein Anblick im Fernrohr. Da tritt dem Beobachter eine hell glänzende Scheibe entgegen, mit parallelen Streifen in braungrauer Farbe verziert und inmitten eines breiten, faſt ebenmäßigen Ringes ſchwebend. Man ſieht den Schatten, welchen der Ring auf die Scheibe des Saturn wirft. Man sieht auch umgekehrt den Schatten, den die Saturnscheibe auf den Ring wirft und man blickt schließlich zwischen Ring und Scheibe hindurch in den unendlichen Raum. Wie ein gewaltiger Kreisel, der durch eine überirdische Macht in den

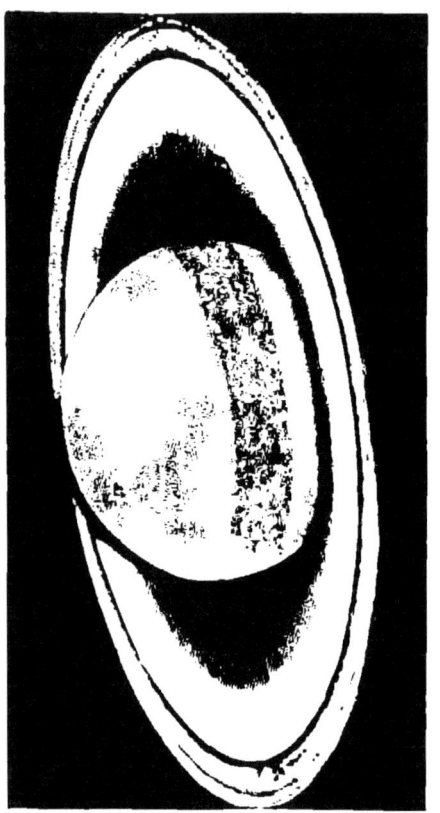

Fig. 5. Der Planet Saturn.

Raum hinausgeschleudert wurde, steht er vor dem Auge des Beobachters, ohne Stütze und doch so ruhig, und erweckt durch seine eigentümliche fremdartige Gestalt ebenso unsere Wißbegier wie auch ein gewisses malerisches Interesse.

Es sind heute gerade 300 Jahre her, daß man zum ersten Male die Wahrnehmung machte, daß Saturn ein anderes Aussehen habe als die übrigen Planeten. Galilei, der die glückliche Idee hatte, das von ihm konstruierte Fernrohr gegen den Himmel zu richten und mit ihm eine Durchmusterung der sichtbaren Objekte vorzunehmen, war, es geschah dies Juli 1610, der erste, der diese Beobachtung machte. Der Planet Saturn erschien ihm in seinem unvollkommenen Fernrohre als ein dreifacher Stern. Altissimum planetam tergeminum observavi äußerte er sich. Ein gar zu ungewöhnlicher Anblick in der

Welt der ellipsoidischen Himmelskörper, der auch seine Verwunde-
rung hervorrief und dem er später im Jahre 1614 die Deutung gab,
daß Saturn von zwei Sternen begleitet sei, die beiderseits und stets
in gleicher Entfernung von ihm stehen, gleichsam der alte Saturn,
von zwei Gehilfen unterstützt. Spätere Astronomen, wie Gassendi
in Paris (1640), Grimaldi in Bologna (1650), die den Planeten ebenfalls beobachteten, nahmen die gleiche Erscheinung wahr. Ihre
Fernrohre waren wohl schon besser als die Galileis. Dennoch fanden
sie die richtige Erklärung für sein rätselhaftes Aussehen nicht. Sie
hielten ihn für einen Topf, der beiderseits zwei Henkel trage. Ebenso
konnte Hevel in Danzig mit ihm nicht ins Klare kommen. Er stellte
nur die Tatsache fest, daß sich in dem merkwürdigen Aussehen des
Planeten eine 15jährige Periode unterscheiden lasse, eine Tatsache,
die darin ihre Begründung findet, daß man während seines halben
Umlaufes um die Sonne, der 15 Jahre dauert, die obere und ebensolange wieder nur die untere Hälfte des Ringes sehe, der Ring inzwischen der Erde seine scharfe Kante zukehre und dann fast unsichtbar sei.

Erst Huygens erkannte im Jahre 1659 mit seinem schon wieder
bedeutend verbesserten Fernrohr die wahre Gestalt des Planeten
als die einer Kugel, die von einem Ringe umgeben ist, welcher den
Hauptplaneten frei umschwebe, beständig parallel zu seiner Richtung
bleibe und mit der Ekliptik einen Winkel von etwa 27° bilde. Einige
Jahre später im Jahre 1675 machte Cassini in Paris die neue interessante Wahrnehmung, daß nicht ein, sondern eigentlich zwei kon-
zentrische Ringe vorhanden sind, ein äußerer, etwas weniger heller
und ein innerer, recht heller, die beide durch einen breiten dunklen
Streifen voneinander getrennt sind. Es ist dies die Cassinische
Trennungslinie. Spätere Beobachter haben noch andere, weniger
ausgeprägte Teilungen, besonders auf dem äußeren Ringe aufgefunden, und man ist geneigt anzunehmen, daß diese Teilungen
nicht bleibend sind, sondern sich öffnen, dann wieder schließen und
so bald deutlich und scharf sichtbar, bald nur verschwommen auftreten.

Fast 200 Jahre später im Jahre 1860 machten Bond in Cambridge U. S. und Dawes in England die neue, noch interessantere
Entdeckung, daß sich zwischen den wohlbekannten zwei hellen Ringen
und der Planetenscheibe noch ein dritter, von geringerer Helligkeit
befinde, der durchsichtig sei, da man durch ihn hindurch den Rand
des Planeten ziemlich deutlich sehen könne und auch gesehen habe.

Dieser dunkle Ring, Florring genannt, ist heute sehr gut und deutlich sichtbar, selbst in kleineren Fernrohren. Es ist daher merkwürdig, daß er so lange unbemerkt geblieben ist und erst in den letzten Jahren entdeckt wurde.

Mit Huygens begannen auch Messungen der Dimensionen des Saturn und seines Ringsystems. Nach Asaph Hall in Washington ist:

größter Radius des äußeren hellen Ringes = 140 000 km = 2,33 R
Breite des äußeren hellen Ringes   = 16 500 km,
Breite der Cassinischen Trennungslinie   =   3 500 km,
größter Radius des inneren Ringes   = 120 000 km = 2,00 R,
Breite des inneren Ringes   = 28 500 km,
innerer Radius des Florringes   = 75 000 km = 1,25 R,
Breite des Florringes   .   = 16 000 km,
Abstand des Florringes von Saturnober-
 fläche . .   . .   = 16 000 km.
hierzu noch Äquatorradius des Saturn = 60 000 km = R
und Polarradius   = ´54 000 km.

Drückt man die Radien der drei Ringe noch in Teilen des Äquatorradius des Saturn aus, so ergeben sich die nebenstehenden Zahlen 2,33 R, 2,00 R und 1,25 R, welche zeigen, daß sie sich insgesamt innerhalb der Rocheschen Distanzgrenze eines Mondes befinden.

Jedem Beobachter, der nur einmal die phantastische Erscheinung des Saturn mit seinem Ringe gesehen, drängt sich die Frage auf, wie die Existenz dieses seines seltsamen Begleiters mit den sonstigen kugelförmigen oder höchstens ellipsoidischen Gestalten der Planeten und ihrer Monde in Einklang gebracht werden könne, welches spezielle Verwandtnis es mit dem Saturn habe, daß er gerade mit einem solchen Ringe ausgezeichnet sei und schließlich, was uns die Theorie über seine Natur und seine Konstitution sagt.

Schon Kant beschäftigte sich mit diesen Fragen. Er gibt uns auch in seiner berühmten Naturgeschichte des Himmels Antwort auf sie. Da sehen wir, sagt er, das wundersame Phänomen, dessen Anblick seit seiner Entdeckung die Astronomen jederzeit in Bewunderung gesetzt hat, und dessen Ursache zu entdecken man niemals auch nur eine wahrscheinliche Hoffnung hat fassen können, auf eine leichte, von allen Hypothesen befreite mechanische Art entstehen. Etwa 50 Jahre später hat Laplace die Frage nach dem Ursprung des Saturnringes in derselben Art beantwortet. Beide bekanntlich durch Aufstellung der Hypothese, daß der Ring ein bleibend gewordener

Rest ist von den Vorgängen und Prozessen, welche bei der Bildung des Sonnensystems stattgefunden haben, und daß seine Existenz daher darauf hinweise, auf welche Art das Sonnensystem entstanden ist.

Was die Konstitution des Ringes anlangt, so können nur zwei Hypothesen aufgestellt werden, eine, welche aussagt, daß er flüssig ist, und die zweite, die ihn als einen festen Körper betrachtet. Über beide kann nur die Theorie der Gleichgewichtsfiguren entscheiden. Sie hat hier vor allem die Frage zu beantworten, inwieweit ein Ring überhaupt eine mögliche Gleichgewichtsform einer rotierenden Flüssigkeitsmasse ist, die unter der Einwirkung dreier Kräfte steht, nämlich der Anziehung des Planeten, den sie umschwebt, der gegenseitigen Anziehungen ihrer eigenen Massenteile und der durch ihre Rotation entstehenden Fliehkraft. Sie hat ferner darüber Auskunft zu geben, welche Form der Ringquerschnitt annehmen kann, ob er so dünn und doch so breit werden könne, wie es der Saturnring in Wirklichkeit ist. Die Theorie beantwortet diese Fragen dahin, daß ein ringförmiger Körper wohl eine

1. Roche'sche Distanzgrenze.
2. Breite des äußeren Ringes.
6. Cassinische Teilung.
3. Breite des inneren Ringes.
4. Breite des dunklen Ringes.
5. Äquator des Saturn.
(Nach Darwin, Ebbe u. Flut.)

Fig. 4. Diagramm des Saturn und seines Ringes.

Gleichgewichtsfigur sein kann, sogar ohne daß ein Zentralkörper vorhanden ist, wenn nur sein Querschnitt die Form einer Ellipse hat, deren größere Achse nach dem Hauptkörper gerichtet, oder, wenn ein solcher nicht vorhanden ist, auf der Rotationsachse senkrecht steht. Aber seine Breite dürfte höchstens $2\frac{1}{2}$ so groß sein als seine Dicke. Dies entspricht der Beobachtung absolut nicht. Im Gegenteile sagt diese, daß die Dicke des Ringes außerordentlich klein sein müsse gegenüber seiner Breite; denn, wenn er uns in Zwischenräumen von 15 Jahren seine scharfe Kante zuwendet, die dann von der Sonne beleuchtet wird, so verschwindet er vollständig. Selbst in den größten Teleskopen der modernen Sternwarten bleibt er unsichtbar. Eine Tatsache, die nur dadurch erklärlich erscheint, daß seine Dicke außerordentlich klein ist.

Außerdem kommt aber zu den mehr geometrischen Untersuchungen über die verschiedenen möglichen Gleichgewichtsfiguren noch die ihnen ebenbürtige Frage nach ihrer Stabilität hinzu, d. h. die Frage, welche von allen diesen Formen eine gewisse Dauerhaftigkeit ihres Bestandes besitzt ohne die Gefahr, durch irgendeinen Zufall oder irgendwelche von außen kommende Störung sofort zu zerfallen, und welche nicht. Und da ergibt sich wieder das eigentümliche Resultat, daß ein flüssiger Ring, selbst von elliptischem Querschnitt, er mag schmal oder breit sein, keine Stabilität besitzt. Schon der kleinste Anstoß, etwa hervorgerufen durch die anziehende Wirkung eines der Monde des Saturn, würde genügen ihn aus seiner symmetrischen Lage gegen den Planeten zu verschieben und ihm durch Abfließen der Flüssigkeit von einigen und Zusammenfließen an anderen Stellen eine äußerst unregelmäßige Form zu geben. Ein Resultat, das wieder der Beobachtung, d. i. dem Anblicke des Ringes im Fernrohre und der Regelmäßigkeit, in der er da erscheint, in keiner Weise entspricht.

Die Schwierigkeit, die in der Annahme liegt, daß der Saturnring ein einheitlicher flüssiger Körper ist, suchte man weiter dadurch zu umgehen, daß man ihn aus einer Reihe schmaler, dünner und konzentrischer Teilringe bestehend ansah. Um aber unter dieser neuen Voraussetzung das erforderliche Gleichgewicht zwischen Fliehkraft und Anziehung herzustellen, muß jedem einzelnen Teile seine besondere Rotation zugeschrieben werden. Der innerste müßte sich in etwa 9, der äußerste in 13 Stunden um den Saturn drehen, ein Ergebnis, das einen neuen Beweis dafür gibt, warum ein einzelner breiter Flüssigkeitsring für sich allein keine Stabilität hat. Denn seine inneren dem Saturn näher liegenden Teile würden sich rascher, die äußeren entfernter liegenden dagegen sich langsamer zu drehen das Bestreben haben und zu den mächtigen Druckkräften, die der Anziehung des Saturn auf den Ring entstammen, kämen noch die aus der Verschiedenheit der Rotation entspringenden Zugkräfte, die den Ring bald zerreißen würden. Die neue Annahme, daß der Ring aus einzelnen Teilen bestehe, entspricht auch der Beobachtung, nach der ja die Cassinische und andere hier und da auf der Ringfläche sichtbare Linien tatsächlich auf solche Teilungen hinweisen. Aber selbst diese Teilringe wären noch viel zu breit, als daß sie für sich allein bestehen könnten. Sie müßten ebenso wieder als aus einer größeren Zahl kleinerer Ringe zusammengesetzt angenommen werden.

Auf gleiche Schwierigkeiten stößt man bei der Voraussetzung, daß der Ring ein fester Körper sei. Auch die Breite eines solchen dürfte höchstens $2^{1}/_{2}$ mal so groß sein als seine Dicke. Und hier ist der Grund leicht einzusehen. Denn bei den ungeheueren Druckkräften, welche der Saturn durch seine Anziehung auf den Ring ausübt, ist es unmöglich, daß er im festen Zustande bleibt. Selbst ein Eisenring von so gewaltigen Dimensionen in der Länge, aber so geringen in der Dicke müßte unter dem Einflusse dieser Druckkräfte seine Härte verlieren und in einen halbflüssigen Zustand übergehen — oder in fast unendlich viele Stücke zerbrechen. Nimmt man aber den Ring von unregelmäßiger Struktur an, so zeigt sich wieder, daß er äußerst unregelmäßig sein müßte, um stabil zu bleiben. Seine Dichte müßte zwischen den Grenzen 2,5 und 0,04 variieren, was wieder gegen seine Regelmäßigkeit beim Anblicke im Fernrohr spricht.

30. Keine der beiden Anschauungen, weder die, daß der Ring ein flüssiger Körper noch die, daß er im festen Zustande ist, ist mit den Beobachtungen verträglich. Am besten scheint noch jene zu sein, die ihn als aus sehr vielen Teilringen zusammengesetzt annimmt. Diese Tatsache führte den englischen Physiker Maxwell zur Aufstellung einer neuen Hypothese, nach der der Ring weder fest noch flüssig ist, sondern, am kürzesten gesagt, einem Sandhaufen gleiche. Er besteht aus einer sehr großen Zahl nicht zusammenhängender Stücke, oder er ist ein Konglomerat von sehr vielen kleinen und größeren Satelliten, die nur wegen ihrer großen Entfernung von der Erde und in der Beleuchtung durch die Sonne den Eindruck hervorrufen, als ob sie ein einheitliches Ganzes bilden. Mit vollendeter Meisterschaft behandelt Maxwell das mathematische Problem, welche Bewegungen ein solcher Schwarm von Monden von allen möglichen Größen in seinen einzelnen Teilen ausführt, und beweist, daß, falls die Satelliten nicht gar zu sehr an Größe voneinander verschieden sind, keine verworrene Bewegung, d. h. nicht irgendwelche Zusammenstöße eintreten, sondern jeder um die ihm zukommende Stelle hin und her schwingt. Kurz, es besteht Stabilität in gleichem Grade, wie ihn jeder Mond besitzt, der sich um seinen Hauptplaneten bewegt. In den beiden äußeren Teilen des Ringes, die durch die Cassinische Linie voneinander getrennt sind, stehen die Monde viel dichter nebeneinander, in dem inneren Florring dagegen viel spärlicher, so daß dieser fast durchsichtig ist. Wie ferner die Existenz der Cassinischen Trennungslinie sich erklärt, wurde schon oben S. 28 gesagt.

Mit dieser neuen und allem Anschein nach wahrscheinlichsten Hypothese steht eine Beobachtung Keelers auf der Lyckſternwarte in Einklang. Aus einer spektroskopischen Untersuchung des vom Ringe reflektierten Lichtes auf Grund des Dopplerschen Prinzipes konnte dieser den Nachweis bringen, daß sich die Massen am äußeren Rande des Ringes auf der einen Seite von uns weg, auf der anderen gegen uns bewegen, daß ferner die Geschwindigkeit dieser Bewegung nicht in allen Ringteilen die gleiche sei, sondern zunehme, je weiter man im Ringsystem nach innen gehe. Es ist dies nichts anderes als der Ausdruck der Tatsache, daß jeder Teil des Ringes sich so bewegt, als ob er ein selbständiger Körper wäre.

Den ausschlaggebenden Beweis für die meteorische Zusammensetzung des Ringes gab jedoch erst in den letzten Jahren eine Beobachtung von Müller in Potsdam und ihre Erklärung durch Seeliger (1887). Müller, der durch mehrere Jahre mit der Messung der Helligkeit des Saturn und seines Ringes beschäftigt war, hatte hierbei gefunden, daß sie wesentlich davon abhängig sei, ob der Ring, von der Erde aus gesehen, ganz von vorne beleuchtet werde, oder ob die Beleuchtung mehr von der Seite komme. In letzterem Falle sinke die Helligkeit ganz plötzlich bis auf die Hälfte der ursprünglichen. Würde der Ring, schließt nunmehr Seeliger, aus einer Reihe konzentrischer fester oder flüssiger Teilringe bestehen, so könnte eine so plötzliche Helligkeitsabnahme nicht stattfinden. Sie findet erst eine einfache Erklärung darin, daß der Ring einer Wolke kleiner Körper gleiche, bei der das Licht auch zwischendurch in die Tiefe eindringen könne. Kommt das Licht von vorne, so sehen wir alles gleichmäßig hell erleuchtet, die Schattenkegel, welche die einzelnen kleinen Körper werfen, werden von ihnen selbst verdeckt. Kommt aber das Licht von der Seite, so fallen viele Körper in die Schattenkegel der anderen. Die Oberfläche des Ringes müßte eigentlich gesprenkelt erscheinen, wegen der großen Entfernung verschwinden aber die Helligkeitsunterschiede, und nur der Grad der Helligkeit ist tief herabgedrückt, und daher viel geringer als im ersten Falle. Seeliger entwickelte eine mathematische Theorie der Beleuchtung staubförmiger Körper und wandte ihre Ergebnisse auf den Saturnring an. Es zeigte sich da eine so gute Übereinstimmung der Theorie mit der Beobachtungsreihe Müllers, daß an der Richtigkeit der Anschauung von der staubförmigen Zusammensetzung des Saturnringes nicht mehr gezweifelt werden kann.

31. Doch neben der speziellen Anwendung auf die Bestimmung der Figur der Erde, ebenso die des Mondes sowie die des Ring-

systems des Saturn möge hier noch ein kurzer Überblick über das allgemeine Problem der Gleichgewichtsfiguren folgen, namentlich des kosmogonischen Interesses halber, das sich an dasselbe knüpft. Dieser Überblick soll die Fragen behandeln, ob mit der einen Hauptform, die, wie die Beobachtungen sagen, fast alle Himmelskörper zeigen, nämlich der eines sehr wenig abgeplatteten Ellipsoides, oder mit der Ringform, auf die die Existenz des Saturnringes hinweist, die Reihe der überhaupt möglichen Gleichgewichtsfiguren abgeschlossen, ihre Zahl überhaupt eine beschränkte ist, und wenn nicht, welcher Art die neuen Formen sind, wie sie ineinander übergehen und welche von ihnen stabil und welche labil sind. Hierbei seien als stabile Körper solche bezeichnet, die nach einer geringen, durch irgendwelchen äußeren Anstoß hervorgerufenen Änderung ihrer Form, wie elastische Körper, wieder ihre frühere Gestalt annehmen, im Gegensatze zu den labilen, welche nach einer derartigen Formänderung nicht mehr wieder ihre frühere Gestalt erlangen, sondern entweder in Stücke zerfallen oder unter wahrscheinlich ungeheueren Umwälzungen in eine ganz neue Form übergehen.

Diese allgemeinen Untersuchungen knüpfen an an das schon S. 78 erwähnte Resultat Clairauts, welches sagt, daß die Hauptgröße, von welcher der Charakter einer Gleichgewichtsfigur abhängt, die Verhältniszahl φ der Fliehkraft zur Schwere auf dem Äquator ist, daß aber zu jedem kleinen Werte dieser Größe stets zwei elliptische Figuren angehören. Die eine stimmt mit dem Newtonschen Rotationsellipsoid überein, ihre Abplattung ist der Größe φ proportional, nämlich $= \frac{5}{4}\varphi$ und gäbe, auf die Erde angewendet, den Wert $\alpha = \frac{1}{230}$. Die zweite zeigt eine Abplattung, die der Größe φ umgekehrt proportional ist und, gleichfalls auf die Erde angewendet, zu dem Werte $\alpha = 680 : 1$ führen würde. Danach gliche die Erde einer kreisrunden Scheibe, deren Radius 680 mal größer wäre als ihre Dicke. Wächst nun diese Zahl φ kontinuierlich, so wird der eine Abplattungswert, und zwar der Newtonsche auch stets größer und größer, der zweite dagegen nimmt in gleichem Verhältnisse regelmäßig ab. Beide Werte nähern sich einander immer mehr und mehr, bis sie endlich für ein bestimmtes φ zusammenfallen. Dies tritt ein, wenn $\varphi = 0{,}337$. Ist dieser Wert erreicht, so ist nur eine Gleichgewichtsfigur möglich, wird er überschritten, überhaupt keine mehr. Man nennt die diesem Werte von φ entsprechende Rotationsgeschwindigkeit ihre kritische. Ihre Werte sind für die einzelnen Planeten schon S. 78 angeführt.

Auf diese bedeutsamen Resultate Clairauts folgte im Jahre 1773 d'Alembert mit dem interessanten Nachweise, daß von diesen zwei Reihen ellipsoidischer Gleichgewichtsfiguren die weniger abgeplatteten stabilen, die stärker abgeplatteten labilen Charakter haben. Im Jahre 1834 endlich überraschte der berühmte deutsche Mathematiker Jacobi die Astronomen durch die Entdeckung, daß auch ein Ellipsoid mit drei ungleichen Achsen eine Gleichgewichtsfigur sein könne. Natürlich ist hierbei von der speziellen Figur abzusehen, die den Monden der Planeten zukommt. Diese ist stets die eines dreiachsigen Ellipsoides, aber nur aus dem Grunde, weil die ursprüngliche Flüssigkeitsmasse unter der Einwirkung dreier Kräfte steht, der eigenen Schwere, der Fliehkraft und der Anziehung des Hauptplaneten, während es sich bei der Jacobischen Entdeckung um flüssige Massen handeln sollte, auf die bloß die zwei ersteren, die eigene Schwere und die Fliehkraft einwirken.

Die Jacobische Entdeckung erregte bedeutendes Aufsehen. Man war anfangs gegen sie sehr mißtrauisch, besonders da Jacobi sie ohne Angabe der näheren Bedingungen veröffentlichte, für welche eine solche Figur möglich sei. Es schien kaum glaublich und auch den physikalischen Anschauungen nicht zu entsprechen, daß eine rotierende Flüssigkeitsmasse im Gleichgewichte sein könne, ohne eine Gestalt zu besitzen, welche in bezug auf die Rotationsachse symmetrisch ist. Doch bald überzeugte man sich von ihrer Richtigkeit und im Übereifer der Freude über das gewonnene Ergebnis ging man sogar daran, auch für die Erde eine solche Figur zu berechnen in der Hoffnung, damit eine bessere Übereinstimmung mit den geodätischen Messungen zu erzielen, als man sie bei der Annahme eines Rotationsellipsoides erreichte. Dies aber wieder mit Unrecht. Denn eine strenge Diskussion der mathematischen Bedingungen des Problems zeigte, daß ein solches unsymmetrisches Ellipsoid nur dann eine Gleichgewichtsfigur sein könne, wenn seine Abplattung mindestens gleich 0,414 ist. Eine solche große Abplattung zeigen aber nicht einmal die zwei großen sehr rasch rotierenden Planeten Jupiter und Saturn. Weder für sie, und noch weniger für die Erde und den Mars kommt daher diese neue Form weiter in Betracht. Sie schien eben nur ein mathematisches Ergebnis zu sein, dem keine reale Existenz zukommt. Der Grenzwert von φ, für welchen diese Figuren zu existieren aufhören, fand sich zu $\varphi = 0{,}281$, d. h. etwas kleiner als $\varphi = 0{,}337$, für welchen die Rotationsellipsoide abschließen.

Erst im Jahre 1885 wieder griff der französische Mathematiker Poincaré, durch eine neue bedeutsame Untersuchung in das Problem, es hiermit wesentlich fördernd, ein. Ihrem Hauptinhalte nach beruht sie auf dem Gedanken der reihenweisen Anordnung der einzelnen Gleichgewichtsfiguren und des Wechsels ihrer Stabilität. Alle Gleichgewichtsfiguren ordnen sich, entsprechend den aufeinanderfolgenden Werten der charakteristischen Größe φ in kontinuierlich ineinander übergehende Einzelfiguren an und bilden somit eine Reihe. Ihr Anfang ist stets eine stabile, ihr Ende eine labile Figur. Folglich muß es innerhalb der Reihe eine geben, bei welcher gerade der Wechsel der Stabilität eintritt. Wie nun Poincaré beweist, ist diese kritische Figur zugleich wieder der Beginn einer neuen Reihe, die hier ansetzt und mit einer neuen labilen Form schließt. Folglich muß auch in dieser neuen Reihe wieder eine kritische Figur vorhanden sein, bei welcher der Wechsel der Stabilität eintritt und diese neue Reihe stabiler und in weiterer Fortsetzung ins labile übergehender Formen beginnt, usf. So schließen sich die verschiedenen Reihen der Gleichgewichtsfiguren aneinander an und zeigen damit die verschiedenen Entwicklungsstufen, die eine rotierende Flüssigkeitsmasse durchmacht.

Namentlich in dieser ganz neuen Art der Behandlung des Problems ist die Anwendung auf das Laplacesche Problem der Kosmogonie begründet. Der Ausgangspunkt der Untersuchung ist die Annahme einer homogenen oder möglichst homogenen Flüssigkeitsmasse, die in langsamer Rotation begriffen ist und sich an der Oberfläche allmählich abkühlt. Der Anfangswert der ihr zugehörigen charakteristischen Größe φ ist daher gleich Null oder nahezu gleich Null und ihre Gleichgewichtsgestalt die einer Kugel. Mit fortschreitender Abkühlung steigt sowohl die Rotationsgeschwindigkeit und damit die Fliehkraft, wie auch die Dichte und mit ihr die Schwere. Man muß aber annehmen, daß die erstere in rascherem Tempo anwächst. Daher wird die Verhältniszahl φ stetig größer und größer und ihr entsprechend muß sich die Flüssigkeitsmasse stetig stärker abplatten. Indes geht dies Anwachsen der Größe φ nicht ins Unendliche, sondern nur bis zu einem bestimmten Grenzwert. Ist dieser Grenzwert erreicht, so muß wieder angenommen werden, daß von da ab trotz zunehmender Rotationsgeschwindigkeit und damit ansteigender Fliehkraft wegen der rascher anwachsenden Dichte die Größe φ als die Verhältniszahl zwischen beiden abnimmt.

Die einzelnen Gleichgewichtsformen, die die gegebene flüssige Masse der Reihe nach durchmacht, sind daher die folgenden:

1. Für den Wert $\varphi = 0$ die Anfangsform die einer Kugel.

2. Für langsam, aber kontinuierlich zunehmende Werte von φ: die Form eines Rotationsellipsoides, dessen Abplattung ebenso stetig größer und größer wird, bis der Grenzwert $\varphi = 0,281$ erreicht ist. Von da ab sind die Rotationsellipsoide labil und

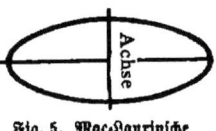

Fig. 5. Mac-Laurinsche Grenzfigur, $\varphi = 0,281$.

ihre Reihe endet mit der unendlich breiten, aber unendlich dünnen Kreisscheibe. Daher muß mit dem Werte $\varphi = 0,281$ und der ihm entsprechenden Grenzfigur eine neue Reihe stabiler Körperformen beginnen.

3. Diese neue Reihe ist die der dreiachsigen Ellipsoide. Sie beginnt mit dem Werte $\varphi = 0,281$. Hier tritt nun jene Schwierigkeit auf, die schon bei Entdeckung dieser neuen Gleichgewichtsformen großen Zweifel an ihrer Richtigkeit erregte, die Frage nämlich, wieso es denn komme, daß die rotierende Flüssigkeitsmasse ihre Symmetrie in bezug auf die Rotationsachse verliere. Schwarzschild erklärt diesen Umstand durch die Anschauung,

Fig. 6. Grenzfigur der Jacobischen Ellipsoide.

daß, wenn die Masse an irgendeiner Stelle eine geringe Unregelmäßigkeit zeigt, die Annahme einer solchen, wie sie in der Natur öfter vorkomme, schon hinreiche, das Verlassen der Rotationsform herbeizuführen. Welche Stelle des Äquators sich dann mehr ausbaucht und zum Scheitel der größeren Achse des Ellipsoides, welche wieder sich weniger ausbaucht, und zum Endpunkte der mittleren Achse wird (die Rotationsachse selbst ist stets die kürzeste), ist, wie man bei nicht näher bekannten Ursachen und deren Wirkungen zu sagen pflegt, dem Zufall überlassen. Die Reihe dieser unsymmetrischen Ellipsoide setzt sich für stetig kleiner werdende Werte von φ fort, bis wieder für $\varphi = 0$ eine unendlich dünne, unendlich lange Nadel entsteht, die natürlich labilen Charakter hat. Der Grenzwert, für welchen der Wechsel der Stabilität auftritt, ist $\varphi = 0,213$. An

ihn muß sich daher eine neue, und zwar stabile Reihe von
Gleichgewichtsfiguren anschließen.

4. Diese neue Reihe entdeckt zu haben, ist das Verdienst Poincarés.
Ihre einzelnen Formen sind schon ziemlich kompliziert. Poincaré beschreibt sie mit den Worten: Der größere Teil der Masse
scheint sich wieder der Kugelform zu nähern, während der kleinere
Teil an einem Ende der großen Achse aus dem Ellipsoide
heraustritt, als ob er sich von der Hauptmasse trennen wollte.
Die nebenstehende Figur gibt ihr Bild nach einer Zeichnung
von G. H. Darwin wieder, der diese neuen Formen die Poin-

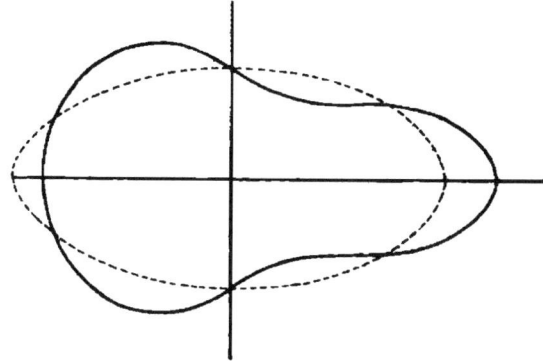

Fig. 7. Poincarésche birnenförmige Figur.

caréschen birnenförmigen Gleichgewichtsfiguren nennt. Welche
Zwischenform eigentlich diese Birnen vorstellen, ist noch nicht
genau bekannt. Der wahrscheinlichste Vorgang ist der folgende.
Es bildet sich in der Flüssigkeit an irgendeiner Stelle eine Einkerbung. An welcher Stelle dies eintritt, ist natürlich wieder
dem Zufall anheimgegeben. Die Einkerbung verstärkt sich allmählich und führt endlich zu einer Spaltung der Masse
in zwei ungleiche Teile. Es entsteht ein Planet mit seinem
Monde. Ob aber dieser Vorgang sich wirklich so abspielt, ist
streng mathematisch durchzuführen noch nicht gelungen. Es
müßte zu diesem Zwecke die Reihe dieser birnenförmigen Figuren in ihrer weiteren Fortsetzung bis zu ihrer labilen Endform
untersucht und dann jene kritische aufgefunden werden, für welche
der Wechsel aus dem stabilen in den labilen Charakter eintritt.

Aus diesem Grunde suchte G. H. Darwin, der berühmte Sohn des Naturforschers Charles Darwin, dem schwierigen Problem von der entgegengesetzten Seite beizukommen. Er geht von der Annahme aus, daß ein System von zwei flüssigen Körpern, die nahezu eine kugelförmige Gestalt haben und sich in einem Kreise umeinander bewegen, so zwar, daß sie sich stets dieselben Seiten zukehren, als eine stabile Gleichgewichtsfigur angesehen werden kann, wenn die beiden Teile nur hinlänglich weit voneinander entfernt stehen. Er sucht weiter die Bedingungen auf, unter welchen das Gleichgewicht fortbesteht, wenn die beiden Massen sich immer mehr nähern, sich endlich berühren und in eine einzige Figur zusammenfließen. Für größere Werte der Rotationsgeschwindigkeit, ferner für verschiedene Werte des Verhältnisses zwischen den Größen der zwei ursprünglich angenommenen Körper entwirft Darwin einige Zeichnungen der dort auftretenden Figuren. Diese sind wohl einigermaßen den Poincaréschen ähnlich. Inwieweit sie aber mit ihnen identisch oder als ihre Weiterentwicklung angesehen werden können, darüber ist ebenfalls noch nichts bekannt.

Der Anblick der Figur 7 zeigt, daß bei der Teilung der Masse in der Poincaréschen Gleichgewichtsfigur in zwei Teile, und der Bildung von Sonne und Planet, oder Planet und Mond, die Masse des sich trennenden Teiles ein ziemlich großer Bruchteil der ganzen Masse sein müßte. Ein solches Größenverhältnis kommt aber höchstens bei dem Erdmonde vor, dessen Masse etwa $^1/_{81}$ der Erdmasse ist, keineswegs jedoch bei den Monden der übrigen Planeten, deren Massen im Maximum $^1/_{10\,000}$ der Hauptplaneten, und ebensowenig bei den Planeten, wenn sie sich in dieser Art von der Sonne losgerissen haben sollten. Schwarzschild hat daher den Fall eines sehr kleinen Mondes in der Nähe eines Planeten einer besonderen Behandlung unterzogen und wies nach, daß für diese eine ganz andere Art der Entstehung und Lostrennung vom Hauptkörper angenommen werden muß. Daraus folgt, daß unser spezielles Planetensystem nicht auf diese Weise entstanden sein kann. Der größte Planet desselben, Jupiter, enthält nur $^1/_{1000}$ der Sonnenmasse und noch kleinere Bruchteile kommen den Monden zu. Dagegen gibt es eine ganze Klasse von Doppelsternen, die umgekehrt wieder in ihrer Entstehung als voneinander losgetrennte Massenteile mit größter Wahrscheinlichkeit auf die Poincaréschen birnenförmigen Figuren hinweisen. Es sind dies namentlich jene unter ihnen, die bis heute noch nicht visuell getrennt werden konnten, sondern deren Doppelnatur teils aus spektroskopischen, teils aus photometrischen Beobachtungen ihres Lichtwechsels, teils aus einer Kombination beider erschlossen wurde. In erster Linie gehört hierher der veränderliche Stern, β-Lyrae, Algol genannt, für welche Vogel und Scheiner in Potsdam die folgenden Elemente berechneten:

Radius des Hauptsternes . . .   = 1 255 000 km,
Radius des dunklen Begleiters   =   980 000 km,
Distanz ihrer Mittelpunkte   = 5 190 000 km,
Masse des Hauptsternes   = $^4/_9$ der Sonnenmasse,
Masse des Begleiters   = $^2/_9$ der Sonnenmasse.

Hier sehen wir zwei Massen im Größenverhältnisse von 2 : 1 in einer Distanz voneinander befindlich, die die Roche'sche Distanzgrenze eines Mondes von seinem Hauptplaneten nur wenig übertrifft. Es ist

$$D = 4{,}14\,R \text{ statt } D = 2{,}48\,R.$$

Wir haben daher zwei verschiedene Arten von Entwicklungswegen anzunehmen, durch welche wir vom Urzustande einer Nebelmasse zu einem differenzierten System von Sonne, Planeten und deren Monden gelangen. Der eine Weg ist der, welcher mit der Kugel beginnt, stetig durch die Reihe der Rotationsellipsoide, dann der dreiachsigen Ellipsoide fortschreitet und endlich durch die Poincaré'schen Birnen hindurch zur Lostrennung einzelner Teile führt. Beispiele für ihn sind die sehr engen Doppelsterne. Der zweite Weg ist der, durch den unser spezielles Vaterland, das Sonnensystem, entstanden sein mag. Hier kennen wir nur den Endzustand, die kugelförmige Sonne, die schwach abgeplatteten Planeten, deren Monde und den Saturn mit seinen Ringen. Der Weg der Entwicklung, wir müssen das gestehen, ist uns unbekannt, außer wir nehmen die Kant-Laplace'sche Hypothese von der Bildung der Ringe und der dadurch erfolgten Teilung der ursprünglichen Masse in mehrere Teile als richtig an.

V. Das Problem der Verteilung und der Bewegung der Fixsterne im Raume.

32. Wenn eine gewisse Anzahl Himmelskörper, die um einen gemeinschaftlichen Mittelpunkt geordnet sind, und sich um ihn bewegen, zugleich auf eine gewisse Fläche so beschränkt werden, daß sie von ihr zu beiden Seiten nur so wenig als möglich abzuweichen die Freiheit

haben, so sage ich, diese Körper befinden sich in einer systematischen
Verfassung zusammen verbunden.

So Kant in seiner berühmten Naturgeschichte des Himmels.

Durch die Arbeiten dreier Männer wurde die systematische Verfassung des Sonnensystems begründet. Kopernikus zunächst, der die
scheinbaren von den wahren Bewegungen zu unterscheiden lehrte.
Kepler sodann, der an Stelle der Kreisbahnen der Planeten um die
Sonne deren elliptischen Lauf setzte. Und endlich Newton, der die
Gesamtheit dieser Bewegungen auf ihre einzige und wahre Ursache
zurückführte.

Fragt man nun, ob etwas dem ähnliches auch schon in bezug auf
das scheinbar so zahllose Gewimmel der Sterne erzielt worden sei,
die der nächtliche Himmel uns zeigt, so antwortet die Wissenschaft
auf diese Frage, daß da die Wißbegierde vorerst weiter reiche als die
bisher erlangten Kenntnisse. Das Systematische, meint Kant, das
in der Verbindung der Planeten stattfindet, die um die Sonne laufen,
verschwindet in der Menge der Fixsterne, und es scheint, als wenn die
gesetzmäßige Beziehung, die im Kleinen angetroffen wird, nicht
unter den Gliedern des Weltalls im Großen herrsche. Die Fixsterne
bekommen kein Gesetz, durch welches ihre Lagen gegeneinander ein-
geschränkt werden, und man sieht sie alle Himmel und aller Himmel
Himmel ohne Ordnung und ohne Absicht erfüllen.

Wohl erzählte schon der alte Pythagoras vom Kosmos, d. i. von
dem Weltgebäude, als einem nach Maß und Zahl vollständig geord-
neten Ganzen. Wohl soll schon Demokrit der Dunkle die Ansicht ausgesprochen haben, daß die Milchstraße, jener weißschimmernde Kranz,
den der bestirnte Himmel in einer heiteren Nacht zeigt, durch den
vereinten Glanz einer zahllosen Menge leuchtender Sternchen entstehe. Wohl dachte schon Hipparch, angeregt durch das Auftauchen
eines neuen Sternes am Himmel, daran, ein vollständiges Verzeichnis aller am Himmel sichtbaren Sternchen zu entwerfen, und legte
einen Katalog von 1028 Sternen an. Allein über die mythische
Grundvorstellung, daß das ganze Weltall eine Kristallkugel sei, in
deren Mittelpunkte sich die Erde befinde, und an deren Oberfläche
die glitzernden Sterne als eine Art leidenloser, nie alternder Wesen
festhaften, kamen die Griechen nicht hinweg. Selbst Kopernikus
wagte es noch nicht, eine präzise Meinung über das Wesen der Fixsterne zu äußern. Und sogar Kepler konnte sich nicht von der alten
griechischen Idee der physischen Realität des Fixsternhimmels los-
sagen. Der Himmel ist nach ihm eine Hohlkugel, in deren Mittel-

punkt sich die Sonne mit ihrem Gefolge von Planeten befindet. Nach außen wird sie von einer Kristallsphäre umhüllt, so wie das Innere des Menschen von seiner Haut, die dazu dient, die von der Sonne ausgehenden Licht- und Wärmestrahlen wieder nach innen zu reflektieren. Allerdings, fügt er in seiner bekannten treuherzigen Weise hinzu, ist es auch möglich, daß die Sonne nichts anderes ist als ein Firstern, daß die anderen Firsterne wiederum nichts anderes sind als Sonnen, die wie die unsrige auch von Planeten umgeben seien. Die Kopernikanische Lehre befasse sich nur mit der Bewegung der Planeten und beschränke sich, was die Firsterne anlangt, auf den Anblick des Firsternhimmels, ohne etwas über seine Natur zu entscheiden.

Immerhin beginnt mit der Aufstellung der Kopernikanischen Lehre auch der Gedanke von der Unendlichkeit des Weltalls sich zu verbreiten. Als erster Vertreter desselben wäre Giordano Bruno zu erwähnen. Nach ihm ist der Himmel ein flüssiges klares Äthermeer, gleichmäßig durch den unendlichen Raum ausgegossen. In ihm schwimmen unzählige Weltkörper, teils sonnen-, teils erdähnlicher Natur. Die Firsterne sind nicht kleine Flämmchen oder Fackeln, befestigt an der kristallenen Himmelssphäre, sondern ungeheure Sonnen, durch die andere Planeten Licht und Wärme erhalten. Glauben, daß es nicht mehr Planeten gebe, als bis jetzt bekannt seien, heißt so viel, als aus einem kleinen Fenster schauend, sagen, es gebe nicht mehr Vögel in der Luft, als durch das Fenster gesehen werden können. Auf Giordano Bruno folgte Galilei, der den glücklichen Gedanken hatte, sein eben selbst konstruiertes Fernrohr gegen den Himmel zu richten und dem sich da die unerwarteisten Wunder zeigten. Die wechselnde Lichtgestalt der Venus, die gebirgige Beschaffenheit der Mondoberfläche, die vier Monde des Jupiter, die mit ihm eine Welt für sich zu bilden schienen, die eigentümliche Gestalt des Saturn, die Flecken auf der Oberfläche der Sonne, die Bestätigung der alten Ansicht des Demokrit über das Wesen der Milchstraße waren Entdeckungen, die wie Offenbarungen auf die Zeitgenossen wirkten. Speziell über die Firsterne meint Galilei, ist es eine der schönsten und großartigsten Resultate der Beobachtung, zu der an sich beträchtlichen Anzahl der Firsterne, die mit natürlichen Mitteln gesehen werden können, unzählige andere hinzuzufügen, die bisher noch nicht gesehen werden konnten und so namentlich die Frage nach dem Wesen der Milchstraße in endgültiger Weise zu lösen.

Seit Galilei bilden Fragen nach der Anordnung der Firsterne am Himmel, ihrer Zahl, ihrer Größe, ihrer gegenseitigen Entfernung sowie ihrer Entfernung von der Sonne einen Hauptgegenstand der astronomischen Forschung. Kant wagte es zuerst, alle da ausgesprochenen Gedanken zu verknüpfen. Nach ihm sind die Fixsterne, die man nicht bloß mit freiem Auge, sondern auch mit Hilfe von Fernrohren am Himmel wahrnimmt, Sonnen, d. h. Mittelpunkte von Systemen, in denen alles ebenso eingerichtet ist, wie in unserem Sonnensystem, speziell alle Bewegungen durch die Gravitation und die Fliehkraft geregelt erscheinen. Die einzelnen Fixsterne selbst sind wieder durch die gleichen Kräfte aneinander gefesselt und beschreiben um einen allgemeinen Mittelpunkt Bahnen, deren Umlaufszeiten wahrscheinlich nach mehreren Millionen von Jahren zählen, die sich aber trotzdem schon in den Eigenbewegungen der Fixsterne offenbaren. Namentlich ist eine Analogie zwischen dem Sonnensystem und der Milchstraße als einem ein Ganzes bildenden Sternensystem hervorzuheben. So wie es in jenem eine Hauptebene gibt, die Elliptik, in der alle Planeten ihre gegen sie nur wenig geneigten Bahnen beschreiben, so gibt es auch für den ganzen Sternenhimmel eine solche Hauptebene, die Milchstraße, in der die Sterne sich vorzugsweise bewegen und in der es daher mehr als in irgendeinem anderen Teil des Himmels von Sternen wimmelt. Die Milchstraße ist daher sozusagen der Tierkreis des großen Systems der Fixsterne. Und es ist zu verwundern, daß die Astronomen nicht schon längst, bewogen durch den Anblick dieser am Himmel leuchtenden Zone, besondere Bestimmungen über ihre Lage und die Anordnung der Sterne in ihr abgeleitet haben. Aber dies eine System von Sternen ist nicht das einzige am Himmel. Rückt nämlich ein derartiges System in eine solche Ferne, daß die Sichtbarkeit der einzelnen Sterne in ihm verschwindet, so wird es einem Beobachter nur als ein kleines, mit schwachem Lichte leuchtendes Plätzchen erscheinen, entweder in kreisrunder Form, wenn sich seine ganze Fläche dem Auge zeigt, oder in elliptischer, wenn es von der Seite gesehen wird. Die Schwäche des Lichtes, die merkliche und meßbare Größe seines Durchmessers werden ein solches Plätzchen, wenn es vorhanden ist, von anderen Fixsternen unterscheiden. Die Tatsache, daß es wirklich solche Objekte am Himmel gibt, es sind dies bekanntlich die Nebel, spricht für die Richtigkeit der Anschauung, und Mutmaßungen, in denen Analogie und Beobachtung so vollkommen übereinstimmen und einander unterstützen, haben die gleiche Würdigkeit, wie förmliche Beweise.

Ähnliche Ansichten wie Kant spricht auch Lambert aus. Nach ihm sind die Fixsterne Sonnen, die gleichwie die unsere von Kometen und Planeten begleitet sind. Jede Sonne mit ihrem Gefolge bildet ein System erster Ordnung, mehrere Systeme erster Ordnung wiederum ein System zweiter Ordnung, d. i. einen Sternhaufen. Solcher Systeme zweiter Ordnung gibt es eine große Zahl. Sie ordnen sich gesetzmäßig in einer Ebene an und erzeugen so in ihrer Gesamtheit den lichtschimmernden Glanz der Milchstraße. Diese ist daher ein System dritter Ordnung und gleicht, ihrer Form nach, einer Scheibe. Die Analogie führt weiter zu der Ansicht, daß es auch eine große Zahl von Milchstraßensystemen geben kann. Das sind die Nebel am Himmel. Sie bilden ein System vierter Ordnung usw. Das Vorhandensein einer Gravitationskraft zwischen diesen verschiedenen Systemen ist durch die Eigenbewegung der Fixsterne angedeutet. Denn wo es eine fortschreitende Bewegung gibt, muß auch eine Zentralkraft vorhanden sein, die das System an der Auflösung hindert.

Wesentlich verschieden von diesen wohl bewunderungswerten und gedankenreichen, aber doch nur auf kühne Analogieschlüsse aufgebauten Entwicklungen Kants und Lamberts ist der Weg, den Herschel, der Vater der Stellarastronomie, wie er von den Astronomen genannt wird, betritt. Er betrachtet es als seine erste Aufgabe, sich vor allem das zur Erforschung der Gestalt und des Baues des Himmels notwendige Beobachtungsmaterial zu sammeln. Zu diesem Zwecke führte er eine große Zahl sogenannter Star-gages, Sterneichungen, durch, indem er sein Spiegelteleskop von 18 Zoll Öffnung, einer 157 fachen Vergrößerung und einem Gesichtsfelde von 15′ nach verschiedenen Teilen des Himmels richtete und die sichtbaren Sterne abzählte. Da ein Gesichtsfeld von dieser Größe dem 833 000. Teil des Himmels entspricht, so wären streng genommen 833 000 solcher Eichungen vorzunehmen, um die Zahl der Sterne am ganzen Himmel aufzufinden. Herschel führte nur 3400 für den nördlichen Himmel durch und vereinigte dann mehrere zu Mittelwerten, so daß im ganzen 683 Einzelzählungen übrig blieben, die natürlich je nach der Stelle des Himmels einen außerordentlich verschiedenen Sternreichtum aufweisen. Es gibt so eine Eichung, in der die Anzahl der Sterne nur $^1/_2$ ist, d. h. in der auf zwei Eichungen nur ein Stern kommt und wiederum eine Eichung mit 583 Sternen.

Indes geben diese Eichungen nur ein Bild von der scheinbaren Verteilung der Sterne an der Himmelskugel und genügen für sich allein noch nicht, um aus ihnen Schlüsse zu ziehen auf ihre wahre Verteilung im Raume. Dazu muß noch eine Hilfshypothese hinzukommen. Und da schien Herschel die einfachste und zugleich plausibelste die zu sein, die eine möglichst gleichmäßige Verteilung der Sterne im Raume als vorhanden annimmt. Aus dieser Annahme folgt ohne weiteres, daß, je mehr Sterne man in einer bestimmten Richtung am Himmel sieht, desto weiter dort seine Ausdehnung reicht, und zwar so, daß die Anzahl der Sterne in einer gegebenen Sehrichtung proportional ist der dritten Potenz der Länge des Sehstrahles nach ihnen. Mathematisch ausgedrückt heißt dies, es besteht zwischen den Sternzahlen in zwei verschiedenen Richtungen, sie seien mit n_1 und n_2 bezeichnet, und der Tiefe des Himmels an diesen Stellen r_1 und r_2 die Proportion

$$n_1 : n_2 = r_1{}^3 : r_2{}^3.$$

Nimmt man daher eine bestimmte Sterndistanz, etwa die mittlere Distanz der Sterne erster Größe als Einheit an, d. h. setzt $r_1 = 1$, bestimmt die ihnen entsprechende Eichungszahl n, so folgt für die mittlere Distanz r_2 der Sterne, deren Eichungszahl n_2 ist, der Wert

$$r_2 = \sqrt[3]{n_2/n}$$

aus dem die wirkliche Ausdehnung des Himmels in jenen Richtungen berechnet werden kann, aus denen Eichungen vorliegen. Es ist dies, wie Herschel sagt, die mathematische Formel, nach der man den ganzen Sternenhimmel gewissermaßen modellieren könne.

Die Resultate, zu denen er gelangt, sind die folgenden: Der ganze Sternenhimmel hat die Form einer ziemlich flachen Linse von unregelmäßig gestalteter Oberfläche. Ihre längste Achse hat eine Ausdehnung von 850, die kürzeste von 150 Längeneinheiten. Als Längeneinheit gilt hierbei die mittlere Distanz der Sterne erster Größe. Um diese Strecke zu durchlaufen, braucht das Licht trotz seiner enormen sekundlichen Geschwindigkeit von 300 000 km 16 Jahre. In diesen Lichtjahren ausgedrückt, zählt die große Linsenachse 14 000, die kleinste 2500 Jahre. In der Linse ist die Verteilung der Sterne eine ziemlich gleichmäßige. Wenn daher eine Anhäufung der Sterne gegen die Milchstraße hin beobachtet wird, so ist dies nur eine Täuschung der Perspektive, hervorgerufen dadurch, daß man in der Richtung nach der Querachse eine andere Sternverteilung wahrzunehmen glaubt, als bei der Durchsicht durch die Längsachse. Die Gesamtzahl der Sterne endlich, soweit sie in diesem Spiegelfernrohr von 18 Zoll Öffnung sichtbar sind, schätzt Herschel auf 28 Millionen.

So weit gingen die Unterſuchungen Herſchels zu Beginn ſeiner
aſtronomiſchen Tätigkeit etwa bis zum Jahre 1783. Aber nun begannen ſeine großartigen Entdeckungen, zunächſt die zahlreicher
Nebelflecke und Sternhaufen, dann die der Doppelſterne und ihrer
Bewegungen umeinander. Alle dieſe bedeutungsvollen Tatſachen
belehrten ihn, daß das urſprüngliche Fundament ſeiner Berechnungen
über den Bau und die Ausdehnung der Milchſtraße, nämlich die Annahme einer ſelbſt nur nahezu gleichmäßigen Verteilung der Sterne
im Raume, kein feſt begründetes, ſondern daß vielmehr die Milchſtraße eine reale, nicht bloß eine optiſche oder ſcheinbare Anhäufung von Sternen ſei, daß ſich in ihr ſtets neue Gruppen
phyſiſch zuſammenhängender Sterne bilden und dadurch die mannigfachen Nuancen in ihrem Glanze hervorrufen.

83. Die Unterſuchungen Herſchels wurden in neueſter Zeit (1908)
durch eine Reihe ſehr eingehender und tief durchdachter Studien
von v. Seeliger in München überholt. v. Seeliger ſchränkt vorerſt
das zu löſende Problem, aus der ſcheinbaren Verteilung der Sterne
an der Himmelskugel deren wahre im Raume zu finden, dahin ein,
daß er ſich die Aufgabe ſtellt, bloß das typiſche Bild des Himmels
aufzuſuchen, d. i. das Bild aller jener Geſetzmäßigkeiten, die im
großen und ganzen am Himmel vorhanden ſind. Zur Aufſtellung
dieſes Bildes iſt das verfügbare Beobachtungsmaterial ſchon ſo weit
wertvoll und hinreichend, daß auf ſeiner Grundlage ohne irgendwelche ungerechtfertigte Hilfshypotheſen genügend genaue Reſul-
tate gezogen werden können. In Wirklichkeit werde ſich der
wahre Himmel von dieſem typiſchen Bilde wohl weſentlich
unterſcheiden. Aber hier alle vorhandenen Verſchiedenheiten und
charakteriſtiſchen Einzelzüge aufzudecken, ſei mehr Sache der Detail-
forſchung.

Die erſte Grundlage, auf die ſich die Unterſuchungen v. Seeligers
ſtützen, ſind rein ſtatiſtiſche Sternzählungen. Hierzu gehört vor allem
die Bonner Durchmuſterung, ein Werk, das, die Frucht einer mehr-
jährigen Tätigkeit Fr. W. Argelanders in Bonn, in drei ſtattlichen
Bänden (1859—1862 erſchienen) die genäherten Poſitionen aller
Sterne der 1. bis zur 9. Größenklaſſe vollzählig, ja auch eine große
Zahl von Sternen bis zur Größe 9,5, im ganzen 314 952 Sterne
des nördlichen Himmels bis 1° ſüdlicher Deklination enthält. Dann
die Fortſetzung dieſer Arbeit auf dem in Bonn ſichtbaren Teil des
ſüdlichen Sternenhimmels bis zu 23° Deklination, die Schönfeldſche
ſüdliche Durchmuſterung (1884 erſchienen). Ferner eine ſehr ſorg-

fältig durchgeführte Arbeit Celorias, eines Schülers von Schiaparelli in Mailand, welcher mit einem Plößlschen Fernrohr von 10 cm Öffnung alle sichtbaren Sterne zwischen 0°—11° nördlicher Deklination abzählte. Schließlich die alten Sterneichungen W. Herschels in England selbst, wie die seines Sohnes John auf der Sternwarte in Kapstadt. Die Abzählungen Celorias sind nach der Ansicht Seeligers besonders wichtig, weil sie alle Sterne bis zur Größenklasse 11,5 enthalten und so das einzig vorhandene Zwischenglied bilden zwischen der Bonner Durchmusterung, die bis zu den Sternen der 9. Größe reicht, und den Eichungen der beiden Herschel, die Sterne bis zur Größe 13 umfassen. Erst wenn die seit dem Pariser Kongreß im Jahre 1890 im Werk begriffene photographische Aufnahme des ganzen Himmels vollendet, wenn dann die wohl langweiligen aber notwendigen Zählarbeiten ausgeführt sein werden, werde sich ein einwandfreies, vollständigeres und auch zu Detailforschungen taugliches Material ergeben.

Als zweite Grundlage für seine Untersuchungen dient v. Seeliger die Möglichkeit des Überganges von der bisher üblichen Schätzungsskala der Größe der einzelnen Sterne zu einer durch tatsächliche photometrische Messungen scharf bestimmten. Es ist bekannt, daß die Einteilung der Sterne, die ein unbewaffnetes Auge am Himmel sieht, in 6 Größenklassen, was ihre Helligkeit anlangt, schon von Hipparch herrührt. Die ersten, kurz nach Sonnenuntergang am Himmel auftauchenden Sterne nannte man Sterne 1. Größe, die folgenden, etwas später sichtbar werdenden 2. usf. bis zur 6. Größe. Als solche bezeichnete man jene, die nach vollem Verschwinden der Dämmerung eben noch mit freiem Auge sichtbar sind. Nach Erfindung des Fernrohres, das noch viel schwächere vom unbewaffneten Auge nicht mehr wahrnehmbare Sterne sichtbar machte, erwies sich die Notwendigkeit einer Fortsetzung dieser Skala über die 6. Klasse hinaus. Mit dieser Fortsetzung stellte sich jedoch gleichzeitig eine solche Ungleichmäßigkeit in den Größenschätzungen ein, daß die Größenangaben der Sterne in älteren Sternkatalogen eine genauere Überprüfung und Vergleichung erfordern. Erst die Anwendung der astronomischen Photometrie seit 1852 führte zu einer größeren Sicherheit. Man definiert heute streng die Größenklasse der Sterne durch das Verhältnis ihrer photometrisch meßbaren Helligkeiten und sagt: Der Größenunterschied zweier Sterne ist Eins, wenn ihr Helligkeitsverhältnis gleich ist 2,512, der photometrischen Konstanten. Setzt man sohin die Helligkeit eines Sternes 1. Größe gleich c, so hat ein Stern 2. Größe die Helligkeit $\frac{c}{2,512}$, ein Stern 3. Größe die Helligkeit $\frac{c}{2,512^2}$ usw. Um ein Beispiel darüber zu geben, welche Ungleichheiten vor Einführung dieser strengen Bestimmungen herrschten, sei erwähnt, daß Herschel in seinen Eichungen Sterne bis zur 18.—20. Größenklasse zu sehen glaubte, die sich aber bloß der 13. Größe angehörig erwiesen und daß ferner seine Angabe „Stern 11. Größe" sich nach der photometrischen Skala mit der 9. Größe deckt.

Sei nun A die Anzahl der Sterne in einer Kugel vom Radius 1, und r_m die mittlere Entfernung der Sterne von der Größe m. Ferner werde angenommen, daß alle Sterne gleiche oder mindestens nahezu gleiche absolute Helligkeit besitzen, und daher ihre scheinbare Helligkeit nur von ihrer Entfernung abhänge. Ist dann A_m die Anzahl aller Sterne von der hellsten Größe bis zur m^{ten}, so folgt die erste Beziehungsgleichung

$$A_m = A \cdot r_m^3,$$

die aussagt, daß die Zahl der Sterne im kubischen Verhältnisse mit der Entfernung zunimmt. Ist weiter H die Helligkeit eines Sternes in der Entfernung 1, oder seine absolute Helligkeit, und H_m seine scheinbare in der Entfernung r_m, so folgt aus dem physikalischen Satze, daß die Helligkeit im quadratischen Verhältnisse mit der Entfernung abnimmt, die zweite Beziehungsgleichung

$$H_m = H/r_m^2.$$

Aus beiden Gleichungen, vorerst die Unbekannte r_m eliminierend, erhält man

$$A_m/A = \sqrt{(H/H_m)^3}.$$

Eine analoge Gleichung wird auch für die Sterne von der Größe (m + 1) gelten, nämlich

$$A_{m+1}/A = \sqrt{(H/H_{m+1})^3}$$

wenn A_{m+1} die Anzahl der Sterne von der Größe 1 bis zur $(m + 1)^{ten}$, und H_{m+1} die scheinbare Helligkeit der letzten Sterne bedeutet. Aus beiden Gleichungen läßt sich wieder die Unbekannte A eliminieren. Indem man beide durcheinander dividiert, folgt

$$A_{m+1}/A_m = \sqrt{(H_m/H_{m+1})^3}$$

oder, da nach der photometrischen Größenskala $H_m/H_{m+1} = 2,512$ ist,

$$A_{m+1}/A_m = \sqrt{2,512^3} = 3,98 \approx 4,$$

eine wichtige Beziehung, die die mathematische Grundlage der Untersuchungen von Seeliger bildet. Ihre Deutung ist die folgende: Unter den gemachten Annahmen,

1. daß die Sterne gleich- oder nahezu gleichmäßig im Weltenraum verteilt sind,

2. daß ihre Leuchtkraft oder absolute Helligkeit überall im Raume die gleiche oder nahezu die gleiche ist, müßte ihre Zahl stets, gerechnet von der ersten Größenklasse an, so zunehmen, wie die Glieder einer geometrischen Reihe mit dem Quotienten 4 zunehmen. Ist A_1 die Zahl der Sterne 1. Größe, die man am Himmel sieht, A_2 die Zahl der Sterne der 1. und 2. Größe, A_3 die der Sterne von der Größe 1, 2 und 3 usw., so müßte sein

$$A_2 = 4\,A_1, \quad A_3 = 4\,A_2 = 16\,A_1, \quad A_4 = 4\,A_3 = 16\,A_2 = 64\,A_1$$

84. Aus einer Abzählung der Sterne der Bonner Durchmusterung bis zur Größenklasse 9, nachdem die dort enthaltenen Größenangaben streng auf die photometrische Helligkeitsgröße reduziert wurden und sich so die Beziehungen

Bonner Durchm.: Sterngröße 6 = photom. Helligkeit 6

„   „   7 = „   „   7,059

          „   8 =   „   8,071

          „   9 =   „   9,212

ergaben, findet Seeliger folgende Werte für die Zahl der Sterne — stets gerechnet von der Größe 1 an bis zur betreffenden Klasse, $A_6 = 2114$, $A_7 = 7439$, $A_8 = 23\,121$, $A_9 = 77\,965$.

Aus ihnen berechnet er für das Verhältnis ihrer Zunahme

$A_7 : A_6 = 7439 : 2114 = 3,52,$

$A_8 : A_7 = 23\,121 : 7439 = 3,11$, im Mittel 3,33 und nicht 4,

$A_9 : A_8 = 77\,965 : 23\,121 = 3,37.$

Dies Resultat gibt das erste Seeligersche Gesetz: Die Anzahl der Sterne zwischen den Größenklassen 6 bis 9 nimmt mit der Sterngröße beträchtlich langsamer zu, als es den beiden oben als grundlegend bezeichneten Annahmen einer gleichmäßigen Verteilung der Sterne im Raume und ihrer gleichen Helligkeit entsprechen würde. Das gleiche Verhalten zeigen übrigens auch die helleren, mit freiem Auge sichtbaren Sterne bis zur 5. Größe. Kobold in Kiel findet durch Abzählung über den ganzen Himmel die Zahlenwerte

$A_2 = 64, \quad A_3 = 195, \quad A_4 = 620, \quad A_5 = 1995$

mit den Verhältniszahlen

$$A_3/A_2 = 3,06, \quad A_4/A_3 = 3,18, \quad A_5/A_4 = 3,22.$$

Aus ihnen folgt als Mittelwert 3,15 und nicht 4.

Das zweite Seeligersche Gesetz gibt die Abhängigkeit der Anzahl der Sterne von ihrer Lage zur Milchstraße. Um dieses Abhängigkeitsverhältnis zu finden, teilt Seeliger den ganzen Himmel in 9 Zonen, die in der Breite von je 20⁰ parallel zur Milchstraße verlaufen, nach dem Schema:

Zone I und IX nördl. und südl. Breite 70⁰—90⁰,

» II » VIII » » » 50⁰—70⁰,

III VII 30⁰—50⁰,

IV » VI » » » » 10⁰—30⁰,

V der Milchstraßengürtel selbst in der Breite von + 10⁰ bis — 10⁰.

Sodann bestimmt er für jede einzelne Zone die Zahl der in ihnen enthaltenen Sterne A_6, A_7, A_8 und A_9 — und aus ihnen ihre Quotienten. Um die Tafel dieser Zahlen nicht gar zu groß werden zu lassen, seien hier nur die Mittelwerte mitgeteilt. Es sind dies:

Zone I und IX: Mittelwerte der Quotienten der Sternzahlen 3,12

» II » VIII: » » » 3,28

III » VII: 3,32

IV VI: 3,36

V: 3,41

Sie deuten, wie man sieht, ein zwar nicht sehr beträchtliches, aber doch konstantes Anwachsen an. Darin ist das zweite Seeligersche Gesetz begründet. Es lautet: Die Zahl der Sterne von der Größe 6—9 nimmt mit der Annäherung an die Milchstraße stetig, wenn auch langsam zu. Oder in jenen Himmelsgegenden, die der Milchstraße näher liegen, sind die Sterne der Größe 6—9 dichter gelagert als in den anderen Teilen des Himmels. Die Milchstraße ist also, was die Sterne der Größe 6—9 anlangt, keine bloß durch Perspektive erzeugte scheinbare, sondern eine reale Anhäufung von Sternen.

Merkwürdigerweise befolgen die helleren Sterne von der Größe 2—5 dieses Gesetz nicht. Aus den Angaben Kobolds über sie ergeben sich die folgenden Mittelwerte der Quotienten der Sternzahlen der Sterne von der Größe 2—5:

Zone I und IX	3,78
" II " VIII	3,52
III VII	3,28
IV VI	3,33
V	2,87

Zahlen, die eher eine Abnahme als eine Zunahme der Sternfülle mit der Annäherung an die Milchstraße anzudeuten scheinen. Für die helleren Sterne bis zur 5. Größe gilt daher, wie hervorgehoben werden muß, ein anderes Verteilungsgesetz, was ihre Anordnung gegen die Milchstraße anlangt, als für die schwächeren Sterne der Bonner Durchmusterung.

Nunmehr wendet sich Seeliger zu den schwächeren Sternen in den Abzählungen Celorias, die bis zur Größe 11,5 reichen, und den Eichungen Herschels, die Sterne bis zur Größe 13 umfassen. Hier stößt man jedoch auf eine Schwierigkeit. Beide Arbeiten erstrecken sich nämlich nur über engbegrenzte Teile des Himmels und nicht wie die Bonner Durchmusterung über den ganzen Himmel. Daher war es vorerst nötig, ihr Zahlenmaterial dem aus der Durchmusterung folgenden gleichwertig zu gestalten. Seeliger erzielte dies durch Einführung des Begriffes der Sterndichte an einem bestimmten Gebiete des Himmels. Darunter ist die Anzahl der Sterne zu verstehen, die sich auf einer angenommenen Flächeneinheit, etwa einem Quadratgrad, befinden. Um sie zu berechnen, zählt Seeliger die in jeder der 9 Zonen vorkommenden Sterne ab und dividiert die gefundene Zahl durch die Größe der Zone, der sie entnommen ist. Er erhält so:

Zone	Bonner Durchm.	Sterndichte Celoria	Herschels Eichungen	Celoria Bonn D	Herschel Bonn D	Herschel Celoria
I u. IX .	3.28	—	109	—	33.5	—
II " VIII	3.40	69.2	154	20.4	45.3	2.23
III " VII	3.90	78.5	271	20.1	69.5	3.45
IV " VI	5.64	113.5	616	20.1	109.2	5.43
V	7.36	146.9	2019	20.0	274.3	13.74

Die drei ersten Kolonnen (Sterndichte) zeigen wieder klar das Anwachsen der Anzahl der Sterne gegen die Milchstraße an, eine Tatsache, in der nur eine neuerliche Bestätigung des zweiten von Seeliger aufgestellten Verteilungsgesetzes liegt. Allein nun berechnet Seeliger aus diesen Zahlen noch ihr Verhältnis. Die sich da ergebenden Zahlen sind in der zweiten Gruppe (Kolonne: Verhältnis der Sterndichten) enthalten und diese sind es, aus denen Seeliger sein drittes Gesetz über die räumliche Verteilung der Sterne schöpft. Die Zahlen lassen nämlich ein Doppeltes erkennen. Erstens: die Verteilung der Sterne bis zur Größe 11,5 ist die gleiche wie die der Sterne von der Größe 6—9. In allen Teilen des Himmels ist die Dichte der ersteren etwa 20 mal so groß wie die der letzteren. Zweitens: wesentlich anders steht es jedoch mit den Herschelschen Sternen. Ihre Dichte ist nicht in allen Zonen dieselbe, sondern sie drängen sich nach der Milchstraße hin viel stärker zusammen, als es die Celoria- oder die Durchmusterungssterne tun. Und in der Milchstraße selbst ist ihre Zahl 274 bez. 13,7 mal so groß wie diese. Sie müssen daher, was die Abhängigkeit ihrer Lage zur Milchstraße anlangt, ein wesentlich anderes Gesetz der Raumerfüllung befolgen, als wie die Sterne von der Größe 6—11,5.

35. Nach diesen rein numerischen — und, wie viele sagen dürften, trockenen Erörterungen, in denen aber doch ein eigentümlicher Reiz liegt, der Reiz einer sich in ihnen in ihrer schönsten Form der Anwendung zeigenden Induktion, kommt wieder die Mathematik an die Reihe und, wie die Abhandlung von Seeliger zeigt und wie nicht anders zu erwarten ist, eine ziemlich schwierige. Sie hat hier im wesentlichen die Aufgabe zu erfüllen, das Gesetz aufzustellen, nach welchem die Sterndichte in jedem Teile des Himmels sowohl von der Lage zur Milchstraße als auch von der Sterngröße abhängt. Denn daß die Sterndichte auch nicht einmal annäherungsweise eine konstante ist, steht nunmehr außer allem Zweifel.

Auf die mathematischen Entwickelungen Seeligers hier des näheren einzugehen, ist unmöglich. Es kann nur die Bemerkung gemacht werden, daß die Anwendung der mathematischen Analyse auf dieses Problem ihn zu dem folgenden, höchst bedeutsamen und interessanten Ergebnisse führte: Alle uns als einzelne Punkte am Himmel leuchtenden Sterne bilden ein einziges einheitliches und endlich begrenztes System, eine Art Weltinsel. Diese Ansicht ist eine notwendige Folge der aus den Sternzählungen sich ergebenden Daten und deren Diskussion. Bei der Annahme einer sich ins Unendliche erstreckenden und dann auch eine unendliche Anzahl von Sternen fassenden Ausdehnung der Milchstraße ist es unmöglich, ein Verteilungsgesetz für die Dichte der Sterne aufzufinden, das auch nur halbwegs mit dem vorhandenen Beobachtungsmaterial verträglich ist. Die Gestalt dieses Systems und damit die Gestalt des ganzen Firsternhimmels ist die eines Rotationsellipsoides, dessen Ausbauchung oder Äquator mit der Milchstraße zusammenfällt und einen Durchmesser von etwa 2500 der angenommenen Distanzeinheiten zählt, während die kürzeste Achse nach dem Pole der Milchstraße zeigt und eine etwa halb so große Länge hat. Als Distanzeinheit ist eine Siriusweite angenommen, d. i. die Entfernung eines Sternes, dessen Parallaxe 0,2'' beträgt. In gebräuchlichen Einheiten ausgedrückt sind dies 80 Billionen km oder 10 Lichtjahre. Die Sternerfüllung in diesem Ellipsoide ist für die Sterne der einzelnen Größenklassen eine verschiedene. Die helleren, mit freiem Auge sichtbaren Sterne (Größe 1—6) zeigen eine mehr gleichmäßig verlaufende Dichte, über den ganzen Himmel. Sie stehen im Milchstraßengürtel

Fig. 8.
Gestalt des Milchstraßensystems nach v. Seeliger.

nicht zahlreicher als in anderen Teilen des Himmels. Die schwächeren Sterne (Bonner Durchm. und Celoria) von der Größe 6—11,5 zeigen eine bis auf das Doppelte ansteigende Anhäufung gegen die Milchstraße hin. Die schwächsten Sterne dagegen von 12.—14. Größe sind in dieser vorzugsweise vertreten und stehen in ihr dichtgedrängt. Ihre Dichte daselbst ist 20 mal so groß als anderwärts. Der matte Schimmer der Milchstraße wird daher nicht durch die hellen, auch nicht durch die schwächeren der Bonner Durchmusterung, sondern zum größten Teile durch die schwächsten Sterne erzeugt. Die Gesamtzahl der Sterne in diesem System schätzt Seeliger auf 40 bis 50 Millionen.

Eine größere Exaktheit, als es die mitgeteilten Ergebnisse andeuten, läßt sich aus dem gegenwärtig vorliegenden Zahlenmaterial nicht erzielen. Es müssen weitere zahlreiche und sorgfältige Sternzählungen am Himmel namentlich in der Milchstraße vorangehen, ehe an die Vervollständigung und an den weiteren Ausbau dieses ganzen Untersuchungsverfahrens wird geschritten werden können. Doch alle diese weiteren Arbeiten werden nur dazu beitragen, das bedeutsame, eben vernommene Hauptresultat zu bestätigen, daß unser Fixsternsystem nicht ins Unbegrenzte sich erstreckt, sondern endlich begrenzt ist, und eine Ausdehnung besitzt, die mit 2500 Siriusweiten wohl über die menschliche Fassungskraft hinausgeht, aber doch gegen den unendlichen Raum verschwindet.

Ebensowenig exakte Schlüsse selbst ganz allgemeiner Natur lassen sich über die Verteilung der Sterne in diesem System, was ihre absolute Helligkeit anlangt, ziehen. Hierzu fehlt es vor allem an Parallaxenmessungen in ausgedehntem Maße, um aus den aus ihnen zu berechnenden Entfernungen der Sterne von der Sonne und ihren photometrisch zu bestimmenden scheinbaren Helligkeiten oder Größenklassen ihre absolute Leuchtkraft zu finden. Die Zahl der Sterne, deren Parallaxen man bisher gemessen hat, ist eine sehr geringe. In den letzten Jahren erst sind Arbeiten unternommen worden, die dahin zielen, Massenbeobachtungen von Firsternen zur Bestimmung ihrer Parallaxen zu versuchen und dadurch das vorhandene Zahlenmaterial in einem rascheren Tempo zu vergrößern.

Aber selbst die wenigen bisher bekannten Parallaxen brachten manches interessante Einzelresultat zutage. Vor allem zeigten sie, daß im allgemeinen die tatsächliche Helligkeit der Sterne nahezu der der Sonne gleichkommt. Sie steigt höchstens auf das Doppelte an und sinkt wiederum nur unter die Hälfte. Erinnert man sich der aus den Bewegungen der Doppelsterne folgenden Tatsache, daß auch die Massen der Sterne nahezu von derselben Größenordnung sind wie die der Sonne, so gelangt man zu dem Schlusse, daß die das Weltall bevölkernden Sterne untereinander, sowohl was ihre absolute Helligkeit, wie was ihre Gravitationsmasse anlangt, eine gewisse Gleichförmigkeit aufweisen. Damit zeigt sich, daß im System der Firsterne eine mehr republikanische Verfassung herrscht im wesentlichen Unterschiede zum monarchisch regierten Sonnensystem, in dem die Sonne durch ihre Masse wie durch ihre Leuchtkraft die anderen Glieder bedeutend überragt. Doch treten immerhin merkwürdige, wenn auch seltene Ausnahmen auf, aber nur was die Helligkeit — nicht was die Masse der Sterne betrifft. Für einige Sterne wurde eine ganz ausnehmend große Helligkeit konstatiert, die bis zur 1000 ja 10 000 fachen der Sonne heranreicht. Man gab diesen Sternen den bezeichnenden Namen der Giganten. Sofern sie weiße Sterne sind, d. h. dem ersten Spektraltypus angehören, stehen sie vorzugsweise in der Milchstraße, während die gelben und noch mehr die rötlichen unter ihnen außerhalb dieser relativ am häufigsten vorkommen.

Noch eine Frage drängt sich hier auf, die Frage, wie es sich in diesem begrenzten System mit dem am Himmel außer den Einzelsternen sichtbaren Sternhaufen und den eigentümlichen Nebeln verhalte. Gehörten diese ebenfalls dem System an oder sind sie vielmehr, wie Kant und Herschel es uns als sehr wahrscheinlich hinstellen, ebensolche Fixsternsysteme wie unser weiteres Vaterland, das Milchstraßensystem, die nur weit außerhalb der unsrigen liegen und dann zu solchen kleinen Gebilden zusammenschrumpfen? Die Antwort auf diese Frage ist eine bejahende und die Hauptstütze für diesen Schluß ist in der Verteilung dieser Körper am Himmel zu suchen.

Die größte Zahl der Sternhaufen findet sich in der Nähe des Milchstraßengürtels. Dort sind gleichzeitig die wenigsten Nebel. Diese finden sich am häufigsten an den Polen der Milchstraße. Helle und schwache Nebel machen hierbei keinen Unterschied. Wären alle diese Gebilde selbständige Sternsysteme, dann müßte für sie eine gleichmäßige Verteilung am Himmel ohne jede Beziehung zur Milchstraße die wahrscheinlichste sein. Da es aber nicht der Fall ist, so spricht dies für ihre Zusammengehörigkeit zu unserem Milchstraßensystem. Fügen wir noch hinzu, daß schon Messungen von Parallaxen für einige Nebel wie für Sterne in einigen Sternhaufen gelungen sind und daß diese Messungen Werte lieferten, die den bekannten Parallaxen von Sternen an Größe gleichkommen, und daher auch ihre Entfernung von der Sonne nicht viel größer ist als die der Sterne, so muß auch diese Tatsache zugunsten der Anschauung gedeutet werden, daß den Nebeln wie den Sternhaufen keine besondere Stellung im Sternsystem zukommt, sondern daß sie gleichwertige Glieder derselben sind mit den sonstigen Sternen. Außerdem bestehen ganz seltsame Beziehungen zwischen ihnen und den in ihrer Nähe befindlichen Sternen, Beziehungen, die erst in den letzten Jahren die Photographie, das neueste Hilfsmittel der Astronomen in ihrer nächtlichen Tätigkeit aufdeckte. So ist, um ein Beispiel anzuführen, mit Sicherheit nachgewiesen, daß der große Orionnebel mit den zahlreichen sich auf ihn projizierenden Sternen ein einheitliches Ganzes bildet. Beide, der Nebel und die Sterne in ihm, haben Spektra von gleichem Typus, beide besitzen gleiche nach dem Dopplerschen Prinzipe gemessene Radialgeschwindigkeiten. Und solcher Beispiele gibt es zu viele, als daß sie einzig einem zufälligen Zusammentreffen zuzuschreiben wären. Die Einheitlichkeit des ganzen Fixsternsystems, einschließlich der in ihm vorkommenden Sternhaufen und Nebelmassen erscheint damit unwiderleglich erwiesen.

86. Aber das so rein aus statistischen Abzählungen und Daten gewonnene Bild ist zunächst ein einseitiges. Ihm fehlt das innere Leben, das sich in den Bewegungen der Sterne äußert und die Frage, welchen Gesetzen diese folgen und welcher Zusammenhang zwischen ihnen und dem Bau des ganzen Systems besteht, ist ebenso berechtigt, wie die nach der räumlichen Verteilung der Sterne.

Nach zwei Richtungen wurden die Bewegungen der Sterne untersucht und sind schon zum Teile als bekannt anzusehen. Erstens darin, wie sie sich auf die Himmelskugel projizieren, und sodann in den aus spektroskopischen Messungen nach dem Dopplerschen Prinzip folgenden Geschwindigkeiten in der Richtung der Sehstrahlen, vom Beobachter weg oder zu ihm hin.

Die Entdeckung der ersteren, die sich an den Namen Halleys knüpft, war schon von Alters her vorbereitet. Schon in den ältesten Zeiten der menschlichen Kultur dachte man, wie die Geschichte der Astronomie uns erzählt, daran, den Anblick des nächtlichen Himmels mit seiner Unzahl glitzernder Sterne und dem schimmernden Kranz der Milchstraße festzuhalten, um durch Wiederholung der hierzu notwendigen Beobachtungen in einem späteren Zeitmomente etwaige Veränderungen in diesem Anblicke zu konstatieren. Die beiden Astronomen, Aristyll und Timocharis, die zur Blütezeit der griechischen Philosophie lebten, waren die Ersten, die diese Bestrebungen in die Tat umsetzten. Sie verfertigten den ersten Sternglobus. Ihnen folgte Hipparch durch Anlegung des ersten Sternkataloges oder Sternverzeichnisses, in dem man neben der Benennung des Sternes seine Helligkeit oder Größe und dann seine Position in Länge und Breite, wie es damals gebräuchlicher war statt der heutigen Rektaszension und Deklination vorfand und danach seinen Ort am Himmel aufsuchen konnte. Es ist bekannt, wie der Vergleich seiner Beobachtungen mit den auf dem Globus aufgezeichneten Sternpositionen seiner Vorgänger Hipparch zur Entdeckung der Präzession führte. Und als fast 2000 Jahre später im Jahre 1710 Halley wiederum einen Vergleich seiner eigenen mehrfachen Sternbeobachtungen mit denen Hipparchs vornahm, zeigte sich ihm die neue Tatsache, daß neben den scheinbaren nur durch die Präzession bewirkten Verschiebungen der Positionen der Sterne auch reelle vorhanden seien, die er deren Eigenbewegungen nannte. Nur bei einigen Sternen, bei denen sie ganz ansehnliche Beträge erreichten, konnte er sie konstatieren. Sie betrugen für den ganzen Zeitraum von 2000 Jahren

beim Aldebaran	$^1/_5$	Mondbreiten	etwa	6′,
Sirius	$1^1/_2$	"	"	45′,
Arkturus	$2^3/_4$			80′

Durch diese Entdeckung war der Anstoß zu neuen Beobachtungen gegeben und die Folgezeit bemächtigte sich auch mit Eifer der zu lösenden Aufgabe. Bald bildeten die möglichst genaue Bestimmung der Positionen der Sterne am Himmel, d. h. ihrer Rektaszension und Deklination, damit in Verbindung die Anlage neuer Sternkataloge, ihre Vergleichung mit älteren Sternkatalogen, die Bestimmung der Größe der Präzession und dann endlich der noch übrig bleibenden Unterschiede zwischen den Positionen älteren und jüngeren Datums selbst nach vollständig durchgeführter Berücksichtigung der Präzession, d. i. der Eigenbewegung der Sterne das Arbeitsprogramm der meisten Sternwarten bis in die neueste Zeit. Im Jahre 1760 konnte schon Tobias Mayer in Göttingen eine genauere Fixierung der Eigenbewegungen einer größeren Zahl von Sternen durchführen, durch einen Vergleich seiner eigenen Beobachtungen mit denen Olaf Römers in Paris, die aus dem Jahre 1710 datieren. Auf Tobias Mayer folgten Bradley und Maskelyne in Greenwich, Piazzi in Palermo, Lacaille am Kap, Argelander in Åbo und Bessel in Königsberg. Die Zahl der aus diesen zahlreichen Beobachtungen bekannt gewordenen Eigenbewegungen von Sternen wuchs damit recht bedeutend an. Durch die große astronomische Gesellschaft in Leipzig wurde im Jahre 1868 durch Teilung des Himmels in mehrere Zonen in internationaler Richtung eine Teilung des ganzen Arbeitsprogramms eingeleitet, die die schönsten Erfolge verspricht. Der auf Grund dieser Teilung von verschiedenen Sternwarten aus Neubeobachtungen von Sternen angelegte Sternkatalog ist für den nördlichen Himmel fast vollendet und nähert sich auch für den südlichen Himmel seiner Vollendung. Die Wiederholung dieser Arbeit nach einigen Jahrzehnten wird eine Hauptgrundlage bilden, die künftigen Forschern eine vollkommenere Beantwortung der Frage nach der Größe der Eigenbewegungen ermöglichen dürfte, als es heute noch der Fall ist. So dürfte die nächste Zeit bald den Astronomen zur Kenntnis der Eigenbewegungen von 150 000 Sternen verhelfen. Noch weiter gehend ist das Unternehmen der internationalen Kommission in Paris. Der von ihr begonnene photographische Sternkatalog, an dem auch schon viele Sternwarten arbeiten, soll die Positionen aller Sterne bis zur 11. Größenklasse, gemessen auf photographischem Wege, umfassen und seine Wiederholung nach einem größeren Zeitraum wird dann die Astronomen die Eigenbewegungen von mehr als 500 000 Sternen erkennen lassen. Gegenwärtig sind erst die Eigenbewegungen von 10 000 Sternen bekannt,

einer viel zu kleinen Zahl, um aus ihnen Schlüsse von großer All-
gemeinheit und ebensolcher Genauigkeit zu ziehen.

Die Größe der Eigenbewegung ist für die einzelnen Sterne sehr
verschieden.   Die größte Eigenbewegung hat der Stern Nr. 243
aus dem Sternkatalog der Sternwarte zu Cordoba von der Größe 8.
Sie beträgt 8,72″ im Jahre, denen in 1000 Jahren eine Verschiebung
des Sternes um 4 Mondbreiten entspricht. Eine recht große Eigenbewegung von 7,04″ zeigt auch der Stern von der Größe 6,5,
Nr. 1830 aus dem Groombridge Katalog. Von hellen Sternen zeigt
α Centauri eine Eigenbewegung von 3,7″ d. i. etwa 2 Mondbreiten
in 1000 Jahren, ferner, wie schon Halley gefunden, Arkturus und
Sirius. Dagegen zeigen die Orionsterne, dann Spica, Antares
Eigenbewegungen, die viel kleiner sind als 0,1″, die daher selbst
in 1000 Jahren noch keine merkliche Verschiebung ihrer Orte am
Himmel verursachen. Die Änderungen, die durch die Eigenbewegungen der Sterne im Anblick des gestirnten Himmels verursacht werden,
sind sehr gering, dem unbewaffneten Auge fast gar nicht merklich
und die Gefahr, daß der Himmel mit allen bekannten und uns so
vertrauten Sternbildern, wie dem des Großen Bären, des Orion,
der Kassiopeja bald ein anderes Aussehen haben, die Sternbilder
ganz andere Gestalten annehmen werden, ist daher zunächst
keine große.   Nicht 1000, auch nicht 10 000, sondern wohl
Millionen von Jahren werden vergehen, ehe unsere Nachkommen
ganz veränderte Sterngruppierungen am Himmel wahrnehmen
werden.

Die Entdeckung der zweiten Art der Eigenbewegung der Sterne,
ihrer aus spektroskopischen Beobachtungen durch Messung der Linien-
verschiebung in ihrem Spektrum abzuleitenden Radialgeschwindigkeiten gehört der neueren Zeit an. Huggins war im Jahre 1867 der
erste, der solche Messungen ausführte. Seine Resultate waren jedoch
noch sehr unsicher und wenig Vertrauen erweckend. Erst die funda-
mentalen Arbeiten Vogels in Potsdam seit dem Jahre 1887 führten
auf Werte, die sich durch große innere Übereinstimmung auszeichnen.
Ihre Genauigkeit kann bis auf 1 km für die angenommene Zeit-
einheit, eine Sekunde, angesetzt werden. Aber die Zahl der Sterne,
deren Bewegung in der Art untersucht wurde, ist eine sehr geringe.
Sie beträgt kaum einige Hundert. Die Größe der Bewegung ist
auch hier sehr verschieden für die einzelnen Sterne. Der Stern
1830 Groombridge zeigt die riesige Geschwindigkeit von 95 km in
der Sekunde, Arkturus von − 5 km, Aldebaran von + 55 km,

Sirius von — 7 u. a. Hierbei bedeutet das Zeichen — eine Annäherung, das Zeichen + eine Entfernung von der Sonne.

Aus den wenigen mitgeteilten Angaben über die Größen der Eigen- und Radialbewegungen einzelner Sterne folgt, daß ein Zusammenhang zwischen der Helligkeit eines Sternes und der Größe seiner Eigenbewegung nicht zu bestehen scheint. Es gibt helle Sterne von großer Eigenbewegung, (wie Arkturus, Sirius) und wieder helle mit sehr kleiner wie die Orionsterne, ebenso auch schwächere Sterne 6., 7., ja bis 8. Größe mit großer Eigenbewegung, während sonst die große Mehrzahl dieser Sterne eine kaum merkliche Bewegung zeigen. Ebensowenig läßt sich zunächst über die Bahn der Sterne am Himmel etwas Bestimmtes aussagen. Denn selbst wenn die Sterne sich in geschlossenen Bahnen bewegen würden, so müßte diese Bahn fast unermeßlich sein. Eine einfache Rechnung zeigt dies. Einer Eigenbewegung von 7,2'' im Jahre, die fast zu der größten, heute bekannten gehört, entspricht in 1000 Jahren ein am Himmel zurückgelegter Bogen von 7200'' = 2°, und dies würde sagen, daß der Stern in 360 : 2 = 180 Jahrtausenden einen vollen Umlauf am Himmel zurücklegen würde. Selbst für diesen Stern mit der größten konstatierten Eigenbewegung wäre die seit Bradley (1730) bis heute (1910) am Himmel durchlaufene Strecke erst 22', so klein, daß sie kaum eine Spur einer Krümmung zeigen würde. Noch weniger natürlich für die größere Anzahl der Sterne, deren Eigenbewegung kaum 0,1'' im Jahre, und deren Umlaufszeit am Himmel daher nach mehreren Millionen von Jahren zählt.

37. Schon Tobias Mayer in Göttingen, 1760, sprach als erster den Gedanken aus, daß die Eigenbewegungen nur zum Teile reell, zum Teile aber bloß scheinbar, und zwar perspektivische Wirkungen einer fortschreitenden Bewegung der Sonne im Raume seien. Später werde es möglich sein, beide Bewegungen voneinander zu trennen und dann die Richtung oder wie die Astronomen sagen, den Apex anzugeben, gegen den sich die Sonne hinbewegt. Kaum 25 Jahre nachher, im Jahre 1783, löste bereits Herschel die sich an diesen Gedanken anschließende Aufgabe nach einem Verfahren, gegen dessen Richtigkeit und Exaktheit erst in jüngster Zeit Zweifel erhoben wurden.

Das Verfahren ist das folgende. Es werde zuerst angenommen, daß alle Sterne im Raume ruhen und nur die Sonne sich bewegt. Findet diese Bewegung, wie die nebenstehende Figur es andeutet, in der Richtung von S gegen S' statt, so entspricht dem eine Bewegung der Sterne in entgegengesetzter Richtung. Jedoch nicht in allen Teilen des Himmels von gleicher Größe, sondern in jenen Stellen, die der Bewegungsrichtung der Sonne parallel liegen, wie in den Punkten A und B, wird sich die Bewegung der Sonne vollständig abspiegeln. Die dort befindlichen Sterne werden die größte scheinbare Eigenbewegung haben. In den um 90° entfernten Punkten C und D dagegen wird die perspektivische Wirkung der Bewegung der Sonne fast verschwinden. Aber in C, gegen welchen Punkt sich die Sonne hinbewegt, werden die Sterne auseinander zu gehen und in D wiederum, von welchem Punkt sich die Sonne entfernt, einander zu nähern scheinen.

Danach hat man, um den Apex der Sonnenbewegung zu finden, bloß die Eigenbewegungen der Sterne nach ihren absoluten Beträgen zu ordnen und sodann die Punkte A, B, C und D aufzusuchen. Die Punkte A und B liegen dort, wo die Eigenbewegungen am größten, die Punkte C und D wieder da, wo sie am kleinsten sind, d. h. durch Null hindurchgehen. Noch klarer tritt dieses Verhältnis hervor in der Rechnung. Aus dem in

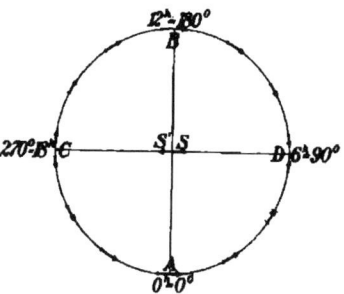

Fig. 9. Einfluß der Bewegung der Sonne auf die der Sterne.

dem neuen Groombridge-Katalog der Sternwarte in Greenwich niedergelegten Material an Eigenbewegungen von etwa 4000 Sternen berechnete ich für die einzelnen Doppelstunden der Rektaszension folgende Mittel (enthalten in der 2. Kolonne unter „mittl. Eigbwg.")

Rektasz.	mittlere Eigbwg.		Rektasz.	mittlere Eigbwg.	
0ʰ	+ 0,09''	+ 0,13''	12ʰ	− 0,17''	− 0,13''
2	+ 0,07	+ 0,11	14	− 0,18	− 0,14
4	+ 0,07	+ 0,11	16	− 0,09	− 0,05
6	− 0,03	+ 0,01	18	− 0,03	+ 0,01
8	− 0,13	− 0,09	20	+ 0,04	+ 0,08
10	− 0,21	− 0,17	22	+ 0,08	+ 0,12

Nimmt man aus diesen Zahlen das Mittel, es beträgt − 0,04'' und fügt es zu den Zahlen der 2. Kolonne mit umgekehrtem Zeichen hinzu, so erhält man die scheinbaren Bewegungen der Sterne, wie sie durch die Bewegung der Sonne hervorgerufen werden. Und diese Zahlen (enthalten in der 3. Kolonne) zeigen an, wo die Punkte A, B, C und D zu suchen sind. Es liegt A in 0^h, B in 12^h, C in 18^h und D in 6^h Rektaszension. Der Apex der Sonnenbewegung läge also demnach in $18^h = 270^0$ Rektaszension. Führt man diese Rechnung oder Zeichnung, nicht wie es die Figur andeutet, bloß in der einen Koordinate, der Rektaszension, durch, sondern für beide, nämlich Rektaszension und Deklination, dann aber nicht auf einem Kreise, sondern auf einer Kugelfläche oder einem Globus, so erhält man auch beide Koordinaten, Rektaszension und Deklination des Apex.

Doch gilt dieses Verfahren nur dann strenge, wenn man annimmt, daß die Sterne am Himmel feststehen und nur die Sonne sich bewegt. Es ist aber klar, daß diese Annahme keineswegs gerechtfertigt und auch nicht wahrscheinlich ist. Vielmehr muß auch den Sternen eine Bewegung zugeschrieben werden, so daß die beobachteten Eigenbewegungen derselben als die Resultierenden zweier Komponenten aufzufassen wären, 1. ihrer eigenen oder Spezialbewegung, und 2. der perspektivischen Wirkung der Bewegung der Sonne. Macht man diese wahrscheinlichere Annahme, so wird das Bild, das die Zeichnung von den Bewegungen der Sterne liefert, ein komplizierteres. Die Gesetzmäßigkeit wird nicht mehr so einfach hervortreten. Sie wird vielmehr durch die Spezialbewegungen der Sterne verdeckt. Erst dadurch, daß man in jede einzelne nach den Rektaszensionsstunden geordnete Gruppe von Sternen eine sehr große Zahl derselben einrechnet, kann man es erzielen, daß sich im Mittel die Spezialbewegungen aufheben und so wieder nur die reine perspektivische Folge der Sonnenbewegung hervortritt. Aber dies ist nur dann möglich, wenn in den Spezialbewegungen kein spezielles Gesetz vorherrscht, und sich die einzelnen Sterne so ganz unabhängig voneinander bewegen, wie ein „ungeordnetes und ohne jede Absicht zerstreutes Gewimmel". Nur unter dieser Annahme der vollständigen Gesetzlosigkeit in ihren Spezialbewegungen ist es denkbar, daß sich im Mittel bei einer großen Zahl von Sternen deren Einfluß kompensiere und es so ausschaue, als ob die Sonne allein eine Bewegung im Raume habe.

Diese Annahme bildet daher die Grundvorstellung, von der alle Rechner ausgingen, die es bisher versuchten, den Apex der Sonnenbewegung zu bestimmen. Die Ergebnisse dieser Rechnungen zeigen

keine ſehr große Übereinſtimmung. Es fanden, um nur einige Bei-
ſpiele hier anzuführen:

Herſchel im Jahre 1783 aus 12 Sternen AR = 260⁰ Dekl. = 26⁰
(Sternbild des Herkules),
Struve im Jahre 1830 aus 400 Sternen AR = 261⁰ Dekl. = 38⁰,
Airy im Jahre 1859 aus 113 Sternen AR = 261⁰ Dekl. = 25⁰
Kapteyn im Jahre 1902 aus 2640 Sternen AR = 277⁰ Dekl. = 28⁰,
Kobold im Jahre 1906 aus 2262 Sternen AR = 270⁰ Dekl. = 0⁰.

In gleicher Art d. h. auf Grundlage derſelben Annahme von der
Willkürlichkeit der Spezialbewegungen der Sterne fanden aus deren
Radialbewegungen

Kempf in Potsdam i. J. 1898 aus 51 Sternen AR = 206⁰ Dekl. = 46⁰,
Kampbell-Lickſternwarte aus 280 Sternen AR = 277⁰ Dekl. = 20⁰.

Zunächſt begnügte man ſich mit der erzielten Genauigkeit, indem
man dachte, daß bei der Kleinheit der Eigenbewegungen und den
daraus ſich ergebenden größeren Fehlern in den der Berechnung
des Apex zugrunde liegenden Daten überhaupt keine größere Exaktheit zu erreichen ſei. Doch bald begannen auch Zweifel an der Richtigkeit der Grundhypotheſe von der völligen Geſetzloſigkeit der Spezialbewegungen der Sterne ſich zu erheben und die neueſte Forſchung
wandte ſich gerade dieſer Frage zu. Den Aſtronomen Kapteyn in
Groningen und Kobold in Kiel verdankt die Aſtronomie die ein-
gehendſten Unterſuchungen in dieſer Richtung, die zu einem ganz
neuen Bilde über die Konſtitution des ganzen Fixſternſyſtems
führten.

Schon Beſſel und anderen nach ihm war es bekannt, daß am
Himmel einzelne Gruppen von Sternen vorkommen, die eine ge-
meinſame Bewegung im Raume haben. Die berühmteſte iſt die
Gruppe des Großen Bären. Fünf von den ſieben Sternen dieſes
Sternbildes bewegen ſich faſt parallel zueinander und ſcheinen
ſo eine einheitliche zuſammengehörige Sternfamilie zu bilden. In
gleicher Art verlaufen die Eigenbewegungen der Sterne im Sternhaufen der Plejaden faſt parallel zu einander. Ebenſo die der Hyaden,
doch bei dieſen mit Ausnahme des in ihrer Nähe ſtehenden Aldebaran.
Anfangs ſchenkte man dieſer Erſcheinung wenig Beachtung. Man
betrachtete ſolche Fälle als ſeltene Ausnahmen von der allgemeinen
Regel, daß den Spezialbewegungen der Sterne kein ſyſtematiſcher
Charakter zukomme. Erſt Kapteyn und Kobold zeigten, daß ſich
gerade in dieſen die Spuren des die Spezialbewegungen der Sterne

im ganzen All beherrschenden Gesetzes offenbaren und ihnen eine wichtige Rolle in zukünftigen Untersuchungen über die Bewegungen der Sterne zuzuschreiben sei.

Als Resultat seiner Studien findet Kobold, daß unter den Spezialbewegungen der Sterne zwei Richtungen vorherrschen, die beide der Bewegung der Sonne parallel verlaufen, die eine mit ihr fast gleich-, die andere entgegengesetzt gerichtet. Neben diesen zwei Hauptbewegungen treten aber noch weitere Gruppen paralleler anders gerichteter Bewegungen auf, ja einige sogar senkrecht zur Milchstraße. Kobold gelangt zu diesem Ergebnis durch Aufzeichnung der Pole der Eigenbewegung in hierzu geeignete Karten. Kapteyns Verfahren ist ein anderes. Er ordnet die Sterne von bekannter Eigenbewegung nach der Richtung derselben. Wäre das Gesetz von der Willkürlichkeit der Spezialbewegungen richtig, so müßten, wie sich aus der Figur 9 ergibt, im Punkte C von welchem sich die Sterne zu entfernen scheinen, die kleinste Zahl, im Punkte D dagegen, gegen den sich die Sterne hinbewegen eine Anhäufung von Sternen auftreten. Eine solche Gruppierung der Sterne nach der Richtung ihrer Eigenbewegung müßte also ein Maximum und ein Minimum der Sternzahlen aufweisen und aus der Lage beider ließe sich wieder die Richtung des Apex der Sonnenbewegung bestimmen. Tatsächliche Abzählungen von Sternen belehrten jedoch Kapteyn, daß dies nicht der Fall ist. Es traten vielmehr 2 Maxima und 2 Minima auf, so als ob das ganze Heer von Sternen aus zweien sich gegenseitig durchdringenden und unabhängig voneinander bewegenden Schwärmen bestehe. Eine rechnerische Untersuchung der Bewegungsrichtungen beider Schwärme lieferte:

$$\text{I. Schwarm: } AR = 90^0 \quad \text{Dekl.} = -17^0$$
$$\text{II. } \quad\quad AR = 290 \quad \text{ = } -60$$

und die Bewegungsrichtung der Sonne gegen einen Punkt, um den sich beide symmetrisch gruppieren (Schwerpunkt)

$$AR = 267^0 \text{ Dekl.} = +33^0.$$

Erst diese Angabe fällt mit der der älteren Definition des Apex der Sonnenbewegung entsprechenden Bewegungsrichtung zusammen.

Versucht man es, diese eigentümlichen Ergebnisse der neuesten Forschung über die Eigenbewegungen der Fixsterne zu einem Bilde zu vereinigen, so kann man sich des Gedankens nicht erwehren, daß die Auffassung wohl die angemessenste sei, nach der die beiden Sternschwärme zwei Äste einer Spirale sind, in der sich die Sterne in ent-

Fig. 10. Nebel in der Andromeda.

138

Fig. 11. Spiralnebel in den Jagdhunden.

gegengesetzter Richtung von ihrem Zentrum weg bewegen. Daß
sich die beiden Schwärme gegenseitig durchsetzen, ist nur wieder eine
Täuschung der Perspektive, daher rührend, daß der Standpunkt,
von dem aus wir das Schauspiel betrachten, kein zentraler, sondern
ein seitlich gelegener ist. Ergänzen wir weiter das Bild durch die
nach Kobold sehr wahrscheinlich gemachten Gruppen weiterer Stern-
züge und Sternschwärme als neuer Äste derselben Spirale, so ergibt sich als Schlußresultat die Vorstellung von der spiraligen Struktur des ganzen Fizsternsystems. „Ein Haufen von Millionen von
Sternen strahlt von einem gemeinschaftlichen Mittelpunkte gleichsam wie aus einem Kerne aus, in zahllosen Windungen, deren Bewegungen zumeist der Milchstraße parallel verlaufen." Die Tatsache, daß es am Himmel zahlreiche Nebel gibt, die mit diesem so
gewonnenen Bild von der Konstitution des ganzen Sternsystems
große Ähnlichkeit haben und wegen dieser ihrer spiraligen Struktur
Spiralnebel genannt werden, und deren Haupttypen der große
Andromedanebel und der Spiralnebel im Sternbilde der Jagdhunde
sind, spricht für die Richtigkeit der Vorstellung.

Fig. 10 und 11 mögen ein Bild geben von diesen seltsamen
am Himmel sichtbaren Gebilden.

Wenden wir unsere Blicke nunmehr von dem Fizsternsystem als
unserer weiteren Heimat, dessen Einheitlichkeit hiermit sowohl räum-
lich, was seine Größe, als dynamisch, was die in ihm auftretenden
Bewegungen anlangt, nachgewiesen ist, hinaus in den unendlichen
Raum und werfen die Frage auf, ob dieses System das einzig vorhandene ist oder ob es außer ihm noch andere gleicher Art und gleicher
Konstitution gebe, so bleibt uns die Wissenschaft hierauf noch die
Frage schuldig. Sie stellt nur die Hypothese auf, daß die erwähnten,
am Himmel zahlreich sich vorfindenden Spiralnebel die einzigen
Körper sein mögen, die nicht unserem Fizsternsystem angehören,
sondern ein diesem analoges System bilden, und mit ihm als gleichwertige Glieder den unendlichen Raum bevölkern.

VI. Das Newtonsche Gravitationsgesetz.

38. Durch die Newtonsche Entdeckung der allgemeinen Gravitation und des Gesetzes ihrer Wirksamkeit war der Astronomie das
Prinzip gegeben, auf dessen Grundlage sie ihr wissenschaftliches
System mit Erfolg ausbaute. Weite, scheinbar gar nicht miteinander
zusammenhängende Gebiete wurden durch sie teils einer endgültigen

Lösung zugeführt, teils die Anregung zu einer solchen gegeben. Vor allem in dem Problem der Bewegungserscheinungen der Planeten am Himmel, das seit den ältesten Kulturzeiten den Menschen als ein wissenschaftliches Rätsel galt und an dessen Lösung sich das erste wissenschaftliche Bedürfnis versuchte. Die Kepplerschen Gesetze als Ausdruck der regelmäßigen Bewegungen der Planeten und ihrer Monde mit allen Anomalien in diesen Bewegungen, welche wie die retrograde Bewegung der Mondknoten oder die progressive der Apsidenlinie der Mondbahn teils schon im Altertum bekannt, teils durch die mit Tycho beginnende Verfeinerung der Beobachtungskunst der Neuzeit neu aufgefunden worden, fanden in ihr ihre volle Erklärung. Die Gestalt der Erde und der anderen Planeten, selbst die eigentümliche Figur des Saturn mit seinem Ringe bestimmte sich durch sie im Vereine mit dem Wirkungsgesetze der Fliehkraft. Die seltsamen Himmelskörper, die wir hier und da als Kometen am Himmel zu bewundern in die Lage kommen, zeigen sich in ihrer Bewegung der gleichen Kraft unterworfen. Das Rätsel des Ebbe- und Flutphänomens löste sich durch die Erklärung der Anziehung, welche die beweglichen Wassermassen auf der Erdoberfläche durch Mond und Sonne erleiden. Das tausendjährige Geheimnis der Präzession wurde durch sie als Wirkung der Anziehung erklärt, welche die gleiche vereinigte Kraft von Mond und Sonne auf den äquatorealen Wulst der Erde ausübe.

Aber noch mehr. Durch die Herschelsche Entdeckung der Doppelsterne und der Tatsache, daß ihre einzelnen Glieder Bahnen um einander beschreiben, welche denselben Gesetzen gehorchen, wie die Bahnen der Planeten um die Sonne, dehnte sich der Bereich ihrer Gültigkeit weit hinaus über die Grenzen des Sonnensystems in die weiten Räume der Fixsterne. Die Bestimmung der Bahnen der Doppelsterne, die Vorausberechnung ihrer gegenseitigen Lage unter der Voraussetzung, daß zwischen ihnen das Newtonsche Gravitationsgesetz gültig ist, bildet einen neuen wichtigen und auch interessanten Zweig der theoretischen Astronomie, dessen Umfang stets weiter greift und der auch schon nach vielen anderen Richtungen hin neue und merkwürdige Tatsachen zutage förderte. Vor allem die Entdeckung der spektroskopischen Doppelsterne, d. h. solcher Sternpaare, die so eng aneinander stehen, daß sie bisher noch nicht visuell voneinander getrennt werden konnten, sondern sich ihre Doppelnatur nur in kleinen periodischen Veränderungen ihrer nach dem Dopplerschen Prinzip spektroskopisch gemessenen Radialgeschwindigkeiten zeigte.

Dann eine Gruppe optisch veränderlicher Sterne, für welche die Hypothese aufgestellt wurde, daß der Verlauf ihres Lichtwechsels durch das Dazwischentreten eines relativ dunklen Begleiters verursacht wurde, und daß man es daher bei ihnen ebenfalls mit Doppelsternen zu tun habe. In der Tat brachten auch spektroskopische Beobachtungen vieler unter ihnen die Bestätigung der Richtigkeit dieser Anschauung.

Damit finden wir die Newtonsche Gravitationskraft auf dem Höhepunkt ihrer allgemeinen Gültigkeit. Sie erscheint als eine der ganzen Materie gemeinsame Eigenschaft, die sich nicht auf die Körper des Sonnensystems beschränkt, sondern deren Wirkung sich weit hinaus bis in die fernsten Himmelsräumen zu erkennen gibt, soweit als bisher die Beobachtungsmittel der Astronomen vordringen konnten. Auf ihr beruht die ganze bewunderungswürdige Anordnung des Weltgebäudes. Ihr sind alle Himmelskörper unterworfen, die großen wie die kleinen, ohne Widerstreben und ohne Ausnahme.

Kann es uns da wundernehmen, wenn Kant voll Bewunderung für diese ebenso einfache wie zweckmäßige Verfassung des ganzen Weltbaues in die Worte ausbricht: Gebt mir Materie, ich will euch eine Welt daraus bauen! Denn wenn Materie vorhanden ist, welche mit einer so wesentlichen Attraktionskraft begabt ist, so ist es nicht schwer, diejenigen Ursachen zu bestimmen, die zur Einrichtung des Weltsystems, im ganzen betrachtet, haben beitragen können.

Kann es uns da wundernehmen, wenn Astronomen oder Physiker auf den Gedanken kamen, daß das Gesetz für die Wirkungsweise dieser Kraft, eigentlich schon mit unserer ganzen Raumanschauung zusammenhängt, in ihr begründet ist, und so, streng genommen ein aprioristisches Erkenntnisresultat bildet. So wie die Intensität des Lichtes, das von einem leuchtenden Körper ausgeht, oder die des Schalles, der einem tönenden Körper entstammt, im quadratischen Verhältnisse mit der Entfernung von diesem Körper abnimmt, so soll auch die Anziehungsäußerung eines Massenteilchens dadurch, daß sie sich auf immer größere Kugelflächen ausbreitet, in gleichem Verhältnisse mit der Entfernung abnehmen. Auch in viele Lehrbücher fand diese Ansicht Eingang, mit der noch weiter gehenden Behauptung, daß eigentlich jede sich stetig durch den Raum ausbreitende Kraft im quadratischen Verhältnisse mit der Entfernung abnehmen müsse.

39. Ist diese Anschauung gerechtfertigt? oder ist im Gegenteile das Newtonsche Gesetz doch nichts anderes als ein empirisches Gesetz, dem daher auch nur jener Grad der Sicherheit zukommt, wie den empirischen Gesetzen überhaupt und das nach dem Stande unseres Wissens gar schon einer Korrektur bedürftig ist? Es unterliegt wohl keinem Zweifel, daß es bis zu einem sehr hohen Grade der Annäherung den tatsächlichen Verhältnissen entspricht. Aber die Frage ist, genügt es ihnen in voller Strenge und kommt ihm deshalb jener Grad der Sicherheit und Gewißheit zu wie den Axiomen der Mathematik?

Um eine solche Prüfung durchzuführen und damit den Grad der Genauigkeit festzustellen, mit der das Newtonsche Gesetz die Bewegungen der Planeten und ihrer Monde, der Kometen, der Doppelsterne, namentlich aber des Erdmondes darstellt, wäre eine Vergleichung aller mindestens in den beiden letzten Jahrhunderten durch Beobachtung am Himmel bestimmten Sternorte mit der Theorie durchzuführen. Ein Riesenaufwand an Zeit und Arbeit wäre dazu nötig. Denn die Anzahl dieser Beobachtungen ist eine sehr große, besitzen doch viele Sternwarten wie Greenwich, Paris mehr als 100jährige, Pulkowa, Washington mehr als 70jährige Serien solcher, ganz abgesehen von den kleinen Planeten und Kometen, an deren Ortsbestimmung am Himmel fast alle Sternwarten gleichmäßig regen Anteil nehmen, und den Doppelsternen, deren Zahl heute schon an die 15 000 heranreicht. In neuerer Zeit wäre von jenen, die eine solche Riesenarbeit unternahmen und sie auch vollendeten, zunächst, was die großen Planeten betrifft, Leverrier in Paris zu nennen. Die von ihm berechneten Tafeln der Planeten Merkur, Venus, Erde, Mars, Jupiter und Saturn genießen noch heute hohen Ruhm und bilden die Grundlage für alle theoretischen Untersuchungen. In neuester Zeit (1895) hat Newcomb in Washington für die vier inneren Planeten Merkur, Venus, Erde und Mars die Arbeit wiederholt. Über 72 000 Positionsbestimmungen derselben, welche von 1750—1890 reichen, mußten streng reduziert, von allen ihnen möglicherweise anhaftenden systematischen Fehlern befreit und sodann mit den Leverrierschen Tafeln verglichen werden.

Das Ergebnis dieser umfassenden Rechnungen läßt sich dahin aussprechen, daß man allen Beobachtungen bis auf die kleinen unvermeidlichen und nur von zufälligen Umständen abhängigen Beobachtungsfehler durch die Theorie gerecht werden könne, mit Ausnahme der folgenden größeren Unterschiede:

1. Merkur: einer säkularen Störung in der Länge seines Perihels im Betrage von 41'' in einem Jahrhundert;

2. Venus: einer säkularen Störung der Länge des Knotens ihrer Bahn in der Größe von 10″ in einem Jahrhundert;

3. Mars: einer säkularen Störung in seiner Perihellänge von 8″ im Jahrhundert.,

Von diesen Abweichungen der Theorie mit der Erfahrung ist die in der Länge des Merkurperihels die größte. Sie war auch schon Leverrier bekannt, aber ihrer absoluten Größe nach nicht mit der Genauigkeit wie nunmehr seit der neueren Diskussion Newcombs.

Die Theorien von Jupiter und Saturn bieten der Rechnung wegen der größeren Massen beider und daher wegen der beträchtlichen Störungen, die sie aufeinander ausüben, größere Schwierigkeiten. Doch ist der Erfolg der Berechnungen Leverriers 1876 und 1877, und der neueren G. W. Hills in Washington (1895) ein glänzender. Die Unterschiede zwischen Beobachtung und Rechnung überschreiten selten mehr als 3″ für die älteren 1750—1825, und 1″ für die jüngeren Beobachtungen des Zeitraumes 1825—1890.

Die für den Planeten Uranus, erst 1781 von Herschel entdeckt, von Bouvard in Paris berechneten Tafeln zeigten bald nach ihrem Erscheinen 1820 ziemlich bedeutende Abweichungen zwischen Beobachtung und Theorie. Schon 1830 stiegen diese Fehler auf 20″, 1840 auf 90″ und 1844 bis auf 120″ an. Es ist klar, daß die wahrscheinliche Ursache derselben ein Gegenstand lebhafter Diskussionen unter den Astronomen war, und nicht wenige unter ihnen ihren wahren Grund wohl erkannt, aber nicht ausgesprochen haben dürften. Bessel war der erste, der die bestimmte Ansicht äußerte, daß dieses Nichtstimmen des Planeten Uranus sich am einfachsten durch die Annahme eines unbekannten Planeten erklären lasse, der in noch größerer Entfernung von der Sonne als dieser sich bewege. Es ist bekannt, wie diese Vermutung Bessels aufs glänzendste sich bestätigte. Sie führte den jungen, damals noch ganz unbekannten Leverrier zur Bahnberechnung dieses noch nicht gesehenen Planeten und nach Veröffentlichung seiner Bahn zu seiner Entdeckung durch Galle in Berlin (1846). Seitdem zeigen beide Planeten eine fast vollständige Übereinstimmung zwischen den für sie von Newcomb berechneten Tafeln und den Beobachtungen.

Und wie in dem Falle des Uranus führte auch schon in einem zweiten, Doppelsterne betreffenden Falle die Kenntnis des Newtonschen Gravitationsgesetzes zur Entdeckung neuer, bisher unbekannter Körper. Zwei Sterne, Prokyon im Sternbild des kleinen und der leuchtende Sirius in dem des großen Hundes erregten durch kleine innerhalb kürzerer Perioden sich wiederholende Veränderungen in ihren Eigenbewegungen die Aufmerksamkeit Bessels, der so wie im Falle des Uranus den Gedanken aussprach, daß diese Veränderlichkeit ihre einfachste und naturgemäßeste Erklärung in der Annahme fände, daß beide Sterne dunkle Begleiter besitzen. Der des Sirius wurde von Alvan Clark in Cambridge (Mass.) im Jahre 1862, der des Prokyon von Schäberle auf der Lichsternwarte 1896 entdeckt. Beide sind nicht so sehr lichtschwache Sterne, wie vielmehr nur wegen der großen Helligkeit der Hauptsterne schwer zu sehen.

Was die Gruppe der kleinen Planeten zwischen Mars und Jupiter anlangt, so ist für wenige unter ihnen bis heute eine vollständige Bahnbestimmung und ein sorgfältiger Vergleich aller Beobachtungen mit der Theorie durchgeführt worden und von diesen wenigen genügen alle den Beobachtungen fast völlig.

Die Beobachtungen der Kometen besitzen nicht jenen Grad der Genauigkeit, wie die der Planeten. Ihre unregelmäßige Figur, ihr verschwommenes Aussehen im Fernrohre machen sie zur genauen Pointierung und Messung wenig geeignet. Die bei der Bestimmung einer Kometenbahn übrig bleibenden Fehler sind daher im allgemeinen größer als die bei Reduktion von Planetenbeobachtungen resultierenden und eignen sich daher nur wenig zur Entscheidung der Frage nach dem Grade der Genauigkeit des Newtonschen Gesetzes. Indes ist die Übereinstimmung trotz allem selbst für jene periodischen Kometen, die wiederholt in mehreren Erscheinungen aufgefunden und beobachtet wurden, eine entsprechende. Mit Ausnahme einer größeren Anomalie, die der berühmte Enckesche Komet zeigt, und die sich in einer Beschleunigung seiner Bewegung oder Verkürzung seiner 3,304 Jahre betragenden Umlaufszeit um zirka $2^1/_2$ Stunden von Umlauf zu Umlauf äußert.

Am schwierigsten gestaltet sich der Vergleich zwischen Theorie und Beobachtung beim Monde. Hier fehlt es zwar nicht an zahlreichen, jeden höchst erreichbaren Grad von Genauigkeit besitzenden Beobachtungen. Zudem können auch die ältesten Angaben über Sonnen- und Mondfinsternisse, von denen die Geschichte berichtet, mit Erfolg dazu benutzt werden, um namentlich die säkularen Änderungen der Bahnelemente des Mondes zu bestimmen. Dafür aber fehlt es bis heute an einer vollständig durchgeführten Theorie der Mondbewegung, deren mathematische Schwierigkeiten fast unüberwindlich sind. Die besten, der neueren Zeit gehörenden Tafeln sind die von Hansen in Gotha herrührenden. Sie stehen heute im allgemeinen Gebrauch und bilden die Grundlage der in allen nautischen Jahrbüchern veröffentlichten Mondephemeriden. Schon Hansen gab einen Vergleich seiner Theorie mit allen Beobachtungen des Mondes für den Zeitraum von 1750—1850 und findet, daß ihre Fehler nur 1'' bis 2'' betragen. Newcomb dehnte den Vergleich auf die neueren Beobachtungen bis 1870 aus und weist nach, daß die Fehler langsam bis 5'' ansteigen, ja 1890 schon 20'' betrugen. Am besten werde die Hansensche Mondtheorie korrigiert, stellt Newcomb schließlich als Endergebnis seiner umfassenden Rechnungen fest, wenn man an Stelle der von der Theorie geforderten 12'' als säkularen Beschleunigung der Länge des Mondes bloß 6'' bis 8'' annehme. Dadurch könne man auch alle historischen Angaben über Finsternisse vom Jahre 382 v. Chr. an in fast vollständiger Weise darstellen. Es bleibt also beim Monde ein unaufgeklärter Rest zwischen Theorie und Beobachtung übrig, der zirka 5'' für ein Jahrhundert beträgt.

Um von der Größe dieses Fehlers eine etwas klarere Vorstellung zu geben, möge folgendes dienen: Angenommen, es würde ein Astronom regelmäßig jeden Tag die Passage des Mondes durch den Meridian seiner Sternwarte beobachten, d. h. die Zeit, wann die Passage erfolgt, aufs genaueste feststellen, so könnte er, da sich diese Zeit auch leicht aus den Mondtafeln berechnen läßt, regelmäßig die so berechneten Zeitmomente mit den aus den Beobachtungen sich ergebenden vergleichen. Anfangs würden beide eine volle Übereinstimmung zeigen. Doch bei Fortsetzung der Beobachtungen durch mehrere Jahre würde endlich ein Unterschied zwischen den beiden Zeiten resultieren. Stetig würde dieser Unterschied ansteigen und endlich nach einem Jahrhundert den Betrag von nicht ganz einer Zeitsekunde erreichen, um wie viel dann der Mond später durch den Meridian ginge, als es nach der theoretischen Rechnung der Fall sein sollte.

40. Es überkommt einen das Gefühl der Bewunderung vor dem Genie Newtons und seiner Nachfolger, denen es gelungen ist, die so verworrenen und verwickelten Bahnen der Himmelskörper unter ein einziges Gesetz gebracht zu haben, das imstande ist, bis auf solch kleine Fehler von diesen Bewegungen Rechenschaft zu geben. Fehler, die bei den Planeten und dem Erdmonde nur einige wenige Bogensekunden für ein Jahrhundert, und beim Enckeschen Kometen 2—3 Stunden für einen Umlauf von 3,3 Jahren betragen. Aber die Bewunderung reizt auch wieder zur Nachforschung danach, woher diese Fehler stammen, und mannigfache Versuche wurden gemacht und Hypothesen aufgestellt, sie zu erklären.

Was zunächst den größten Fehler, den in der Theorie der Bewegung des Merkur vorkommenden, anlangt, so dachte man zu seiner Erklärung an einen Planeten, der noch innerhalb der Merkurbahn sich um die Sonne bewegen solle und versuchte es unter der Annahme, daß der Fehler durch ihn als störenden Körper entstehe, dessen Bahn zu berechnen. Ein zweiter Versuch lag in der Annahme, daß die Sonne keine reine Kugel, sondern daß sie wie die Erde an den Polen abgeplattet, am Äquator ausgebaucht sei. Ein derartiger Wulst am Äquator würde auf den der Sonne so nahestehenden Merkur eine ebensolche störende Wirkung ausüben, wie der ersten Annahme zufolge ein zwischen ihm und der Sonne sich bewegender Planet. Doch die zahlreichen in allen möglichen Richtungen am Bilde der Sonne im Fernrohre vorgenommenen Messungen zeigen daß keine Spur einer Abplattung an ihr vorhanden sei, mindestens keine so große, wie sie vorauszusetzen wäre, um die Anomalie in der Merkurtheorie zu erklären. Erst in neuester Zeit 1906 gelang es Seeliger sowohl diese größeren Fehler in der Theorie des Merkur, wie auch gleichzeitig mit ihm die zwei kleineren, schon oben erwähnten, in den Theorien der Venus und des Mars vorkommenden, durch eine einheitliche Annahme zu beseitigen, eine Annahme, die auf die Erscheinung des Zodiakallichtes hinweist.

An hellen Abenden der Monate Februar und März am Westhimmel kurz nach Untergang der Sonne, im September und Oktober wiederum am Osthimmel vor Sonnenaufgang sieht man eine zarte schwache Lichtpyramide schräg gegen den Himmel aufsteigen. Man nennt diesen Lichtschimmer das Zodiakallicht. In den Tropengegenden bildet es eine ziemlich auffallende Erscheinung und war dort schon frühzeitig bekannt. In unseren Gegenden dagegen ist es nur unter sehr günstigen Verhältnissen bei äußerst klarer Luft am Horizont zu sehen und diesem Umstande mag es zuzuschreiben sein, daß erst vom 17. Jahrhundert an genauere Beobachtungen über seine Helligkeit und seine Lage vorliegen. Die Erscheinung selbst läßt sich am einfachsten durch die Annahme erklären, daß die Sonne von einer Wolke kosmischen im reflektierten Licht schwach leuchtenden Staubes umgeben sei, die die Form einer dünnen Scheibe habe, über die Erdbahn hinausreiche und in ihrer Hauptebene parallel zur Ekliptik liege oder nach neueren Beobachtungen parallel zum Sonnenäquator, der gegen die Ekliptik selbst nur 7° geneigt liegt. Wie Seeliger beweist, genügen ganz plausible und nach keiner Richtung hin auf unzulässige oder auch nur auffallende Verhältnisse hindeutende Annahmen über die Verteilung der Massen in diesem als

Zodiakallicht sichtbaren Staubring, um durch ihre störende Wirkung die drei erwähnten Bewegungsanomalien der Planeten Merkur, Venus und Mars zu beseitigen und eine volle Übereinstimmung zwischen Theorie und Beobachtung herzustellen. Diese Annahmen sind: die eines Ringes in der mittleren Distanz zwischen Sonne und Merkur, und eines zweiten zwischen Erde und Mars, deren Massen zusammengenommen zu $1/_{30\,000\,000}$ der Sonnen- oder $1/_{100}$ der Erdmasse anzusetzen wären.

Nicht so glücklich waren die Astronomen bisher in der Erklärung der Unregelmäßigkeit in der Bewegungstheorie des Enckeschen Kometen. Encke führte hierzu die Theorie des widerstehenden Mediums ein. Anfangs mit gutem Erfolge. Vom Jahre 1819 bis 1865 in den zahlreichen Erscheinungen des Kometen während dieses Zeitraumes war die Übereinstimmung zwischen der auf Grundlage dieser Hypothese durchgeführten Rechnung mit den am Himmel beobachteten Orten eine so schöne, daß an ihrer Richtigkeit nicht gezweifelt werden konnte. Im Jahre 1865 trat aber eine Wendung ein. Von da ab bis 1875 reichten wieder die reinen planetarischen Störungen aus, die Bewegung des Kometen darzustellen. Die Berücksichtigung einer außergewöhnlichen Störung durch ein widerstehendes Medium erwies sich als ganz überflüssig. Vom Jahre 1875 ab dagegen mußte wieder diese Hypothese zu Hilfe genommen werden, um einen besseren Einklang zu erzielen. Doch die neue Störung betrug $2/_3$ ihres ersten in der Periode von 1819—1865 gültigen Wertes, nämlich nur 1,8 Stunden Verkürzung für den vollen Umlauf von 3,3 Jahren. Die Frage wurde damit eine noch schwierigere. Sie hat jetzt auch die ganz rätselhaften Änderungen in der Größe des Widerstandes zu erklären. Keinesfalls kann die Enckesche Theorie in ihrer ursprünglichen Form, welche dem widerstehenden Medium eine mit der Entfernung von der Sonne nach einem bestimmten Gesetze abnehmende Dichte zuschreibt, aufrecht erhalten werden. Vielmehr ist sie dahin zu modifizieren, daß das widerstehende Medium in der Nähe der Sonne ganz unregelmäßig verteilt ist und dadurch auch ganz unregelmäßige, plötzlich sich ändernde Störungen hervorrufe.

Die letzte unter den größeren Abweichungen, die sich in der Bewegung der Himmelskörper zwischen Theorie und Beobachtungen zeigten, ist die säkulare Beschleunigung in der mittleren Bewegung des Mondes. So klein sie auch ist, sie beträgt, wie oben gesagt wurde, etwa 5'' für ein Jahrhundert und so wenig sie aus den Beobachtungen als zweifellos konstatiert betrachtet werden kann, so gibt es doch der Versuche zu ihrer Erklärung ziemlich viele. Die meisten zielen

dahin, sie nicht als reell, sondern nur als scheinbar existierend anzusehen, verursacht durch eine Verkürzung der Dauer des mittleren
Sonnentages, des astronomischen Normalzeitmaßes. Nimmt man
nämlich an, daß diese Dauer nicht konstant ist, sondern, was am einfachsten ist, eine der Zeit proportionale Abnahme im Betrage von
x Sekunden erleide, so würde ihr eine scheinbare Beschleunigung
der Mondbewegung von der Größe nx entsprechen, sofern n die
mittlere tägliche Bewegung des Mondes, d. i. $360^0 : 27,31 = 13^0 1$
bedeutet. Soll diese $5''$ im Jahrhundert betragen, so ergibt sich daraus
für x der enorm kleine Wert von 0,000 000 0029 Sekunden. Wohl
sehr klein, aber übertragen auf ein Jahrhundert steigt er doch auf
9 Sekunden an und sagt aus, daß die Annahme, die Erde bleibe
in ihrer täglichen Rotation hinter einem richtig gehenden Chronometer um 9 Sekunden in einem Jahrhundert zurück, vollständig
genüge, die erwähnte Anomalie in der Mondtheorie zu beseitigen.

Als Ursache dieser Verkürzung der Tageslänge geben Adams in
Cambridge (England) und Delaunay in Paris, die diese Hypothese
zuerst aufstellten, die Flutreibung an, d. h. den verzögernden Einfluß,
den die durch die Anziehung von Mond und Sonne auf die Wassermassen der Erdoberfläche erzeugte Bewegung von Flut und Ebbe
auf die Rotationsbewegung der Erde ausüben. Die Erde dreht sich
nämlich von West nach Ost. Die dem scheinbaren Laufe der Ge-
stirne folgende Welle bewegt sich dagegen von Osten gegen Westen
und trage so langsam dazu bei, die Energie der Rotation zu konsu-
mieren. Es ist jedoch bisher nicht gelungen, diese Verkürzung der
Tagesdauer auch aus anderen astronomischen Beobachtungen zu
erschließen oder in ihnen zu konstatieren. So lange dies nicht der
Fall ist, bleibt daher auch diese Frage noch eine offene und erst die
Folge der Zeit wird über sie, sowie über die Anomalie des Enckeschen Kometen endgültige Aufklärung bringen.

41. Es ist bekannt, daß die Aufnahme, die die Newtonsche Entdeckung in wissenschaftlichen Kreisen fand, anfangs eine sehr geteilte
war. Es brauchte lange Zeit, ehe sie sich nach Gebühr Ansehen und
Geltung verschaffte. Nur in England und auch da nur von den
speziellen Freunden Newtons wurde sie mit Enthusiasmus auf-
genommen. Anders aber auf dem Festlande, namentlich in Frankreich. Hier hatte bisher eine ganz andere Weltanschauung allgemeinen Beifall sich errungen, die Descartessche Lehre von den Wirbel-
bewegungen im Äther. Sie besaß vor der Newtonschen den Vorzug
der größeren Anschaulichkeit, denn sie sprach nur von Wirbeln und
Strömungen in dem den ganzen Weltenraum erfüllenden Äther,

durch welche die Planeten mitgerissen ihre ewigen Bahnen um die Sonne beschreiben. Und jedermann hatte schon kleine Gegenstände in Wasserwirbeln im Kreise herumtreiben gesehen und konnte sich daher von der Bewegung der Planeten eine einfache Vorstellung machen. Nicht so klar war aber die Newtonsche Anschauung. Sie verlangte die weit schwierigere Vorstellung von Weltkörpern, die frei im Weltenraume schweben sollten, getragen und bewegt bloß von einer zwischen ihnen wirkenden, sonst aber nicht fühlbaren Kraft.

Ist diese geheimnisvolle Kraft, fragte man sich, eine ihrem Wesen nach der Materie inhärente Eigenschaft? Dann müsse man sich gegen ihre Aufnahme in die Physik abwehrend verhalten, da sie die alten qualitates occultas d. h. die unbekannten und geheimen Eigenschaften, die seit Descartes' Zeiten glücklich aus der Physik beseitigt zu sein schienen, wieder neu aufleben lasse. Newton selbst konnte auf diese Frage keine entscheidende Antwort geben. Mit den Worten Hypotheses non Fingo, d. h. Hypothesen erdichte ich nicht, weist er jeden Versuch ihrer Erklärung oder Zurückführung auf einfache mechanische Vorgänge als nicht in das Gebiet der reinen Empirie gehörig zurück — wenn es ihm auch unbegreiflich scheine, wie unbeseelte rohe Materie ohne Vermittelung von sonst etwas, was nicht materiell ist, auf andere Materie ohne direkte Berührung einzuwirken imstande sei.

Nach dem Siege, den endlich die Newtonsche Schule über den Kartesianismus davontrug, kehrte sich jedoch die Sachlage bald um. Aus den begeisterten Anhängern Descartes' und seiner physikalischen Anschauungen wurden bald ebenso glühende Verehrer Newtons und damit in eigentümlicher Auffassung seiner Worte Anhänger der Vorstellung, daß die Gravitation eine ohne jede materielle Vermittelung direkte in die weitesten Fernen reichende Kraft sei. Zu diesem Wechsel der Anschauungen trugen wesentlich zwei Umstände bei. In erster Linie die vielfachen und großartigen Erfolge, auf welche die theoretische Astronomie auf Grund der Newtonschen Lehre hinweisen konnte. Außerdem aber die Beschäftigung mit den elektrischen und magnetischen Erscheinungen, denen man sich damals mit besonderem Eifer zu widmen begann. Es zeigte sich da eine merkwürdige Analogie zwischen den Kräften, die diese Erscheinungen hervorrufen, einerseits und der Gravitation andererseits, eine Analogie, die sich sowohl auf die scheinbar unvermittelt in die Ferne gehende Art ihrer Wirksamkeit, wie auch auf das mathematische Gesetz für sie erstreckte. Genau so wie man den Teilchen der schweren Masse die Eigenschaft der wechselseitigen Gravitation zuschrieb, genügte auch zur Erklärung der magnetischen und elektrischen Erschei-

nungen die Annahme zweier elektrischer und magnetischer Fluida als
Träger der ihnen entsprechenden Kräfte. Und die auf dieser Annahme
ausgebildete mathematische Theorie der Elektrizität und des Magnetismus konnte über das gesamte zurzeit experimentell festfstehende
Tatsachenmaterial in fast vollständiger Weise Rechenschaft geben.

Lange Zeit herrschte diese merkwürdige Theorie von den drei
unmittelbar in die Ferne wirkenden Kräften der Gravitation, der
Elektrizität und des Magnetismus in der Physik. Ein erster Gegner
entstand ihr in den nach Aufstellung des Prinzips der Erhaltung der
Energie auftauchenden Bestrebungen, alle Kräfte der Natur auf
Bewegung der kleinsten Teile der Körper zurückzuführen. Wie bekannt, endeten diese Bestrebungen einerseits mit der Begründung
der mechanischen Theorie der Wärme d. i. der Auffassung der Wärme-
erscheinung als Wirkungen solcher molekularer Wärmebewegungen,
anderseits mit der dynamischen Theorie der Gase, d. i. der Erklärung
ihrer Eigenschaften durch ebensolche als ungeordnet und unregelmäßig angenommene Bewegungen der Moleküle. Ein zweiter,
vielleicht noch mehr in die Wagschale fallender Gegner entstand ihr
aber in dem englischen Physiker und kühnen Experimentator Michael
Faraday. Ihm schwebte direkt als Hauptziel der Physik die Aufgabe
vor, nachzuweisen, daß derartige unvermittelt in die Ferne wirkenden
Kräfte, die keine noch so geringe Zeit zu ihrer Ausbreitung brauchen,
sondern in demselben Augenblicke, in dem sie ihrer Quelle, dem spezifischen Fluidum, entspringen, auch schon im ganzen Raume vorhanden sind und da ihre Wirkung äußern, absolut unmöglich seien.

Nach zwei Richtungen war ein solcher Unmöglichkeitsbeweis zu
erbringen. Einmal in dem Nachweise, daß das Medium, in welchem
die magnetischen und elektrischen Erscheinungen sich abspielen, auf
deren Verlauf, einen merkbaren Einfluß habe. Denn dann schreite
ja die Wirkung dieser Kräfte nicht unvermittelt in die Ferne fort,
sondern sei vom zwischenliegenden Medium abhängig. Dann aber
weiter in dem Nachweise, daß das Fortschreiten der Wirkung eine
meßbare Zeit brauche und nicht momentan erfolge. Der erste Nachweis gelang Faraday vollständig. Es glückte ihm durch vielfache
Experimente zu zeigen, wie die Stärke eines Magneten oder eines
elektrisch geladenen Körpers mit der stofflichen Natur des umgebenden
Mediums zusammenhänge. Dagegen aber gelang es ihm noch nicht,
auch die Zeit, innerhalb welcher die magnetischen und elektrischen
Kräfte fortschreiten, zu messen oder mit anderen Worten ausgedrückt,
ihre Fortpflanzungsgeschwindigkeit zu bestimmen. Hier setzte erst
der geniale Physiker H. Hertz in Bonn ein. Er fand für sie den Wert

von 300 000 km in der Sekunde, eine Größe, welche mit der bekannten Fortpflanzungsgeschwindigkeit des Lichtes vollständig überübereinstimmt. Um die theoretische Bedeutung dieses Resultates zu würdigen, muß hier noch der Name Maxwells erwähnt werden. Maxwell kleidete die Faradayschen Ideen über die Entstehung und Wirkung der elektrischen und magnetischen Kräfte in das zur Erzielung voller Klarheit notwendige mathematische Gewand und wurde so durch eine Reihe tiefdurchdachter Schlüsse zu der interessanten Folgerung geführt, daß die Ausbreitungsgeschwindigkeit dieser Kräfte mit der des Lichtes identisch sein müsse. Der experimentelle Nachweis hierzu war nun tatsächlich durch Hertz erbracht und damit die elektromagnetische Theorie des Lichtes begründet. In der drahtlosen Telegraphie verwertet man heute schon die von Faraday geahnten, von Maxwell durch mathematische Deduktion als wahrscheinlich hingestellten und endlich von Hertz experimentell begründeten elektromagnetischen Wellen für praktische Zwecke.

Damit war, wie Hertz sagt, die von der Wissenschaft wohl geheiligte, vom Verstande aber nur ungern getragene Herrschaft der unvermittelt in die Ferne wirkenden Kräfte im Gebiete der magnetischen und elektrischen Erscheinungen durch einfache und schlagende Versuche für immer zerstört. Es blieb somit auf der Liste der noch nicht mechanisch erklärten Kräfte nur mehr die Gravitation übrig, für welche die alte Theorie der unvermittelten Fernwirkung als noch weiter zu Recht bestehend angenommen werden mußte. Es ist klar, daß während dieser ganzen Entwickelungsperiode der Elektrizität und des Magnetismus ebenfalls vielfache Versuche gemacht und verschiedene Hypothesen aufgestellt wurden, um auch diese Kraft ihres geheimnisvollen Gewandes zu entkleiden.

42. Diese verschiedenen Theorien gleichen sich alle darin, daß sie ein den ganzen Weltenraum erfüllendes Medium, den Äther, annehmen, welcher sowohl als Träger der Erscheinungen des Lichtes, der strahlenden Wärme, der Elektrizität und des Magnetismus auftritt, wie er auch der Träger jener Bewegungen sei, die die letzte Ursache der Gravitation bilden sollen. Sie unterscheiden sich voneinander nur dadurch, daß sie dem Äther verschiedene mechanische Eigenschaften zuerteilen und so auf verschiedene Art den Mechanismus der Gravitation zu konstruieren versuchen. Die einen sprechen von Druckdifferenzen und dadurch veranlaßten Strömungen im Äther, welche die in ihm eingebetteten materiellen Körper mit sich führen und dadurch eine der Gravitation analoge scheinbare Wirkung veranlassen. Andere sprechen wieder vom Stoß der bewegten Äther-

atome, der die Gravitation bewirke. Eine dritte Theorie sieht die Ursache derselben in Schwingungen des Äthers. Natürlich müßten diese nicht so wie beim Lichte und auch den elektrischen und magnetischen Kräften transversale, sondern longitudinale sein. Dies führt zu einer neuen Vorstellung, der nämlich, daß diese Schwingungen Pulsationen der Körpermoleküle seien, welche durch den Äther vermittelt, sich von Körper zu Körper fortpflanzen und dadurch deren Annäherung bewirken. In der Tat konnte man durch Experimente nachweisen, daß zwei pulsierende Kugeln, in einer unzusammendrückbaren Flüssigkeit liegend, auf einander eine Anziehung ausüben, wenn die Pulsationen nach Schwingungszahl und Phase übereinstimmen. Diese Anziehung ist proportional der Intensität der Schwingungen, das wäre die Masse der Körper, und umgekehrt proportional dem Quadrate der Entfernung, genau so wie beim Newtonschen Gesetze.

Keine dieser Theorien bestand jedoch vor einer strengen Kritik ihre volle Prüfung. Hauptsächlich aus dem Grunde, weil sich eine jede mit der rein formalen Ableitung des Newtonschen Gravitationsgesetzes begnügte, es aber verabsäumte, auf die Frage näher einzugehen, ob und inwieweit der Gravitationsäther mit dem Äther des Lichtes, der strahlenden Wärme, der Elektrizität und des Magnetismus identifiziert werden könnte. Und tatsächlich zeigte eine genauere Bestimmung der die spezifischen Eigenschaften des Gravitationsäthers charakterisierenden Größen, wie seiner Dichte, und seiner Elastizität, in vielen Fällen, daß dies nicht der Fall sein könne. Die beiden Ätherarten müßten wesentliche Verschiedenheiten aufweisen, könnten nicht als identisch angenommen werden und würden so zu der äußerst unwahrscheinlichen Annahme zweier ineinander geschachtelter Äthermaterien drängen.

Eine weitere Schwierigkeit, mit der namentlich die Stoßtheorie zu kämpfen hat, besteht darin, daß nach ihr die anziehende Wirkung zweier Körper durch das Dazwischentreten eines dritten modifiziert werde. Da dieser Umstand recht häufig, bei jeder Sonnen- und Mondesfinsternis sich ereignet, in welchem Falle die anziehende Wirkung der Sonne erst durch den Mond hindurch auf die Erde, oder durch die Erde hindurch auf den Mond gelangt, so müßte bei jeder derartigen Erscheinung eine Störung auftreten. Für eine einzelne würde sie recht klein und vielleicht ganz unmerklich sein, aber bei der großen weit über 2000 reichenden Zahl von Beobachtungen dieser Erscheinungen hätte sie doch schon ziemlich große Fehler in deren Vorausberechnung verursachen müssen. Solche Fehler sind aber bisher noch nicht konstatiert worden. Im Gegenteil besitzt die Gravitation zum Unterschiede von allen anderen Kräften der Natur die merkwürdige Eigenschaft, daß sie für alle Körper gleich vollkommen durchdringlich, d. h. daß ihre Wirkung ganz unabhängig ist von dem Vorhandensein und der Lage irgendwelcher anderer Körper, die sich zwischen den beiden anziehenden befinden. Endlich kommt noch dazu die Frage nach der Fortschreitungsgeschwindigkeit der Gravitation. Diese müßte, wenn derartige Mechanismen zur Erklärung derselben herangezogen werden, einen endlichen Wert haben im Gegensatze zur alten Annahme der unvermittelten Fernewirkung, nach welcher sie unendlich groß wäre. Auch hier müßte sich diese neue Annahme in kleinen Unregelmäßigkeiten in der Bewegung der Himmelskörper äußern. Sind solche konstatiert und zwar derart, daß sie sich nicht mehr aus dem Newtonschen Gesetze allein erklären lassen, dann könnten sie sogar zur Bestimmung der Größe der Geschwindigkeit herangezogen werden.

Von diesem Standpunkte aus ist die Frage nach der Fortpflanzungsgeschwindigkeit der Gravitation mehrfach behandelt worden. Man versuchte durch sie namentlich die zwei erwähnten Anomalien in der Bewegung des Merkur und des Mondes zu erklären. Der erste Versuch ist heute nach den Untersuchungen Seeligers über die Wirkung der als Erscheinung des Zodiakallichtes auftretenden Staubringe gegenstandslos, der zweite führte zu keinem positiven Ergebnisse. Laplace findet, daß, um die Anomalie in der Bewegung des Mondes zu erklären, die Gravitation eine Fortpflanzungsgeschwindigkeit haben müßte, die 12 400 000 mal größer ist als die des Lichtes, die mit 300 000 km in der Sekunde schon an sich äußerst groß ist. Dieser Wert ergab sich unter der Annahme, daß die Sonne keine Bewegung im Raume habe. Berücksichtigt man auch diese und nimmt sie zu 20 km in der Sekunde an, so reduziert sich diese Zahl, bleibt aber immer noch riesig groß — nämlich 500 mal so groß als die des Lichtes.

Nach allen den mißlungenen Versuchen sprach Paul du Bois-Reymond in einem vor der physikalischen Gesellschaft in Berlin im Jahre 1898 gehaltenen Vortrage sowie über mehrere andere auch über dieses Problem der Zurückführung der Gravitation auf mechanische Kräfte sein berühmtes Ignorabimus aus, und wollte damit aus seiner bisherigen Ungelöstheit auf seine Unlösbarkeit schließen.

43. Seitdem trat aber wieder die Elektrizitätslehre in eine neue Entwicklungsphase. Es ist dies die interessante, von einigen Physikern ebensosehr hochgerühmte, wie von anderen heftig angegriffene

Theorie der Elektronen. Wie auch diese dazu herangezogen wurde, das Problem der Gravitation zu lösen, mögen noch die folgenden Entwicklungen zeigen.

Die Elektronentheorie kann als eine weitere Ausbildung der Faraday-Maxwell-Hertzschen Elektrizitätslehre angesehen werden. Trotzdem sie sich in dem Sinne in einen gewissen Gegensatz zu dieser Lehre stellt, als sie die Elektrizität wieder materialisiert d. h. von einer Fluidumtheorie für sie spricht. Zunächst führte die Erklärung der chemischen Wirkungen des elektrischen Stromes, d. h. die Zersetzung von Flüssigkeiten durch ihn auf die Vorstellung, daß jedes Molekül eines Körpers eine gewisse elektrische Ladung besitze, die, so wie ein Atom das kleinste Massenquantum ist, ein elektrisches Elementarquantum repräsentiere. Die Theorie wies nach, daß das Elementarquantum an elektrischer Ladung für alle chemischen Elemente identisch sei. Doch war es noch fraglich, ob es eine selbständige Existenz führte oder aber mit dem materiellen untrennbar verbunden auftrete. Erst die Entdeckung der Röntgenstrahlen, dann das mit dieser Entdeckung in Zusammenhang stehende mit vielem Eifer fortgesetzte Studium der eigentümlichen Strahlungen in den bekannten Geißlerschen Röhren brachte da die Entscheidung. Sie wies nach, daß die in einer solchen Röhre von der Kathode fortgeschleuderten Strahlen aus freien, von den materiellen Atomen losgelösten negativen elektrischen Ladungen, Elektronen, wie man sie nannte, bestehen.

Welche Bedeutung die Theorie der Elektronen für die Elektrizitätslehre ja für die ganze Physik hat, wie auf ihrer Grundlage das bisher gültige physikalische Weltbild umgewandelt und ein ganz neues aufgebaut wurde, kann hier nicht näher auseinandergesetzt werden. Nur zweier Momente muß Erwähnung geschehen. Vorerst der Möglichkeit, durch sie eine elektrische Theorie der Trägheit der Materie zu begründen und dann des in neuester Zeit unternommenen Versuches, auch die Gravitation auf das Spiel von Elektronenkräften zurückzuführen. Beide Momente sind geeignet, das neue physikalische Weltbild auch nach der astronomischen Seite hin zu stützen.

Der Gedankengang hierzu ist der folgende: Tritt man an eine Stromleitung heran und schließt den Strom, so lehrt die Beobachtung, daß er nicht sofort in seiner vollen Stärke durch den Draht fließt, sondern eine kurze Zeit braucht, um in volle Bewegung zu kommen. Die Ursache hiervon liegt in der Selbstinduktion, d. i. der Tatsache, daß der Strom im Momente des Schließens einen sich selbst entgegengesetzt gerichteten Strom, den Schließungsstrom, hervorruft, dessen

Lebensdauer wohl eine sehr kurze ist, der aber doch den primären Strom nicht sofort, sondern erst allmählich zu seiner vollen Stärke heranwachsen läßt. Ist der Strom einmal in Bewegung, so fließt er so lange, als seine Quelle, die elektromotorische Kraft, reicht. Erst wieder im Momente des Unterbrechens zeigt sich eine neue Eigentümlichkeit, das Entstehen des zweiten Induktionsstromes, des Öffnungsstromes. Er ist dem ursprünglichen gleichgerichtet, verstärkt ihn daher und bewirkt an der Unterbrechungsstelle ein Überfließen des Stromes, das sich in der Form eines hellen Funkens äußert. Es hat den Anschein, als ob der Strom noch weiter fließen wollte, da er aber dies nicht kann, sich durch einen Funken Luft macht.

Beide Erscheinungen stehen in einer merkwürdigen Analogie mit der bekannten Haupteigenschaft der Materie, die man als ihre Trägheit oder ihr Beharrungsvermögen bezeichnet. Will man einen Stein fortschleudern, so ist dazu eine Kraft notwendig, die ihn in Bewegung setzt. Der Stein, der in Ruhe war, sträubt sich dagegen, aus dem Zustande der Ruhe in den der Bewegung überzugehen, genau so wie der elektrische Strom im Momente des Schließens. Ist der Stein aber einmal in Bewegung, so will er in diesem Zustande beharren. Man würde einen tüchtigen Schlag empfinden, bei einem Versuche, ihn plötzlich aufzuhalten. Der Stein wehrt sich wieder gegen die Ruhe, wie der einmal fließende Strom gegen die Unterbrechung.

Der elektrische Strom täuscht uns eine Art Trägheit vor. Es scheint, als ob er eine gewisse Masse besitzt, wie der Stein seine träge Masse hat. In dieser Auffassung ist die ältere mechanistische Theorie der elektrischen und magnetischen Kräfte begründet. Allein man kann auch den umgekehrten Schluß ziehen. Man kann sagen, nicht der elektrische Strom täuscht uns die Trägheit vor, sondern umgekehrt, die Trägheit des Steines ist das Scheinbare. In Wirklichkeit besteht sie in elektrischen Strömen, die den Stein oder jede träge Masse durchziehen. Da nun die elektrischen Ströme von den Elektronen abhängen, so erscheint damit die träge Masse eines Körpers bestimmt durch die in ihm vorhandenen Elektronen. Diese Schlußweise ist es, auf der die neueste Theorie der Materie, die Elektronenlehre, beruht. Sie führt zu einem Weltbilde, in dem nicht mehr die schwere Masse und ihre Trägheit, sondern Elektronen, die durch sie hervorgerufenen Ströme und die Selbstinduktion derselben die Hauptrolle spielen.

Nach dieser Anschauung baut sich die ganze Materie aus Elektronen auf. Hunderte oder gar Tausende derselben bilden einen Komplex, den man ein chemisches oder materielles Atom nennt. Jede Bewegung der Elektronen löst einen elektrischen Strom aus und die

Selbstinduktion dieser Ströme ist es, die als Trägheit der Materie wahrgenommen wird. Damit ist der erste Punkt der Bewegungsastronomie, das Rätsel der Trägheit der Materie gelöst.

Der zweite Punkt bezieht sich auf das Gravitationsproblem, über das die neue Naturauffassung in einfacher Weise uns Aufklärung gibt. Es genügt, wie H. A. Lorentz in Leyden nachwies, zu diesem Zwecke die einzige Annahme, daß ungleichnamige Elektrizitäten sich um ein ganz geringes stärker anziehen, als wie sich die gleichnamigen abstoßen. Die Differenz mag so gering sein, daß sie weitaus unter der Empfindlichkeitsgrenze aller selbst der bestkonstruierten Meßapparate liegt. Trotzdem resultiert aus ihr eine anziehende Kraft zwischen nicht geladenen, sich aus einer gleichen Menge positiver und negativer Elektrizitätsmengen zusammensetzenden Körper, die hinreichend ist, die Newtonsche Gravitation zu erklären.

Man hat diese neue Anschauung auch schon auf die Bewegung der Himmelskörper um die Sonne angewendet. Sie führt da zu Resultaten, die nur sehr wenig von den astronomischen Daten abweichen, so wenig, daß neue mindestens über 1000 Jahre sich erstreckende Beobachtungen von Planeten notwendig wären, um die Unterschiede zu konstatieren, die aus der ursprünglichen Annahme der reinen unvermittelt in die Ferne wirkenden Gravitation gegenüber der Lorentzschen Theorie entspringen.

Der älteren mechanistischen Auffassung der Naturerscheinungen, nach der die Materie das Gegebene ist und die Kräfte der Natur sich auf Bewegung der kleinsten Teilchen dieser zurückführen lassen, widerstrebte die Gravitation. Sie war ein Welträtsel, für das das Ignorabimus du Bois-Reymonds galt. Die neuere elektrische Theorie der Materie nimmt das Elektron als das Gegebene an und betrachtet alle Kräfte der Natur, selbst die Trägheitseigenschaft der Materie als Spiel der Elektronen. Auf ihrer Grundlage ist eine einfache Deutung der Gravitation möglich. Damit ist unzweifelhaft ein Vorzug des neuen Weltbildes gegenüber dem älteren festgelegt. Aber der geheimnisvolle Schleier, in den sich die Gravitation einhüllt, erscheint nicht aufgeklärt, sondern nur verschoben. An Stelle der gravitierenden Massen stehen jetzt die gravitierenden Elektronen.

Wie dem aber auch sei, das Newtonsche Gesetz an sich bleibt dadurch unberührt. Denn es brachte „diejenige klare und für alle Zukunft unveränderliche Einsicht in den Weltbau, die bei fortgehender Beobachtung hoffen kann, sich immer nur zu erweitern, niemals aber fürchten darf, zurückgehen zu müssen".

Druck von B. G. Teubner in Dresden.